HOW TO READ THE
LANDSCAPE

自然景観の謎

風土を読み解く鍵。
地形・地質の持つランドスケープの新たな発見

ロバート・ヤーハム 著
デイヴィッド・ロビンソン 監修
武田 裕子 訳

CONTENTS 目次

序文 6

はじめに 8

第1章

ランドスケープを理解する 12

地球 16
イントロダクション／地球の構造／動く大陸

さまざまな作用 22
イントロダクション／岩石の形成／岩石の変形／
岩石の風化／侵食／土壌／堆積／化石

第2章

ランドスケープを読み解く 38

高地のランドスケープ 42
イントロダクション／山脈／山脈の形成／平坦な頂／
急峻な山腹／侵食する力／露頭の頂／孤立した岩塊／
大きく傾斜した山稜／平頂な岩山／活火山／火口／岩頸／
溶岩／トア(岩塔)／岩頭と岩尾根／風化した岩肌／
丘陵斜面の段丘／土壌と岩盤の滑落／高地の河川／
高地の水系型／山間の渓流／高地のV字谷／高地河川の蛇行／
中洲／滝／急流／峡谷／甌穴／扇状地／氷食地形／
山上のくぼ地／山の頂と稜線／U字谷／フィヨルド／懸谷／
削磨された岩／氷河の土手と堤／巨岩と巨礫／
なだらかな小丘／ハンモック堆石／くぼ地の小湖／細長い湖

低地のランドスケープ 128
イントロダクション／低地の丘陵と谷／かれ谷／孤立した丘陵／
低地の河川／湧水／河川と三日月湖／氾濫原／河岸段丘／
三角州／淡水湿地／湿原／エスチュアリーと泥質干潟／
塩水湿地／塩原／湖

海岸のランドスケープ ... 160
イントロダクション／海食崖／海食洞／波食棚／湾と入江／
岬／アーチとスタック(離れ岩)／浜と砂丘／砂嘴／
砂州とトンボロ(陸繋砂州)／サンゴ礁／海面変化による影響

カルスト地形 ... 184
イントロダクション／カルスト地形の発達／洞穴、洞窟、鍾乳洞／
シンクホール／石灰岩のアーチ／石灰岩舗石

その他のランドスケープ ... 196
イントロダクション／砂漠のランドスケープ／風食と堆積／
水食と堆積／周氷河地域のランドスケープ／周氷河地形／
高地熱地域のランドスケープ

人工的なランドスケープ ... 210
イントロダクション／古代の集落／都市のランドスケープ／農業／
埋立地／採掘と採収／護岸／水際の人工地形

第3章
地図からランドスケープを読む ... 226

地図の種類 ... 230
イントロダクション／地形図／地質図／地質図を読む

ナビゲーション ... 238
イントロダクション／コンパスを活用する／GPSを活用する

用語解説 ... 244
参考資料 ... 251
索引 ... 252

序文 *Foreword*

　ランドスケープ（景観）には、私たちを取り巻く外部環境の物理的な要素が目に見えて現れている。都市景観という言葉が頻繁に使われるように、とくに都市部においては人間の活動に大きな影響を受けている景観もある。本来の野生の姿がそのままの形で残されている地域はきわめて少ないが、その一方で人間の営為による影響がずっと小さく、より「自然」な状態の景観も存在している。

　私はイングランド北部のいくぶん埃っぽい工業都市で生まれ育った。幼い頃から、あるときは自転車に乗り、またあるときは歩いて町を飛び出しては、周辺の田園地帯に見られるすがすがしい田舎の風景を楽しんだものだ。そうすることでいつしか私の中に自然を愛する気持ちが育まれ、自分が眺め訪れた景観を理解したいという願望が芽生えていった。今では埃舞うことも少なく魅力の多い都会での生活だ。それでもなおご多分にもれず、田舎町や海辺に逃避しては散歩やサイクリングを楽しみ、ここ英国でも海外でもまわりに広がる千差万別の風景の美しさを堪能することを愛してやまない。

　教職者であり地理学者である私は、景観がもつ特徴や特定の地形が生まれる由来について説明を求められることも少なくない。谷や崖（がけ）や斜面は、なぜその形をしているのか？　岩肌が露出した地形もあれば、湿った土壌や乾燥した土に覆われた斜面もある。あるいは沼地や湿地もあるのはなぜか？　海岸線にはみごとなまでに垂直の断崖もあれば、沈み込み崩れ落ちている崖もあるのはなぜか？　目の粗い石ころばかりの海岸もあれば、細かい砂や泥の海岸もあるのはなぜか？

出合った環境に対してこのような好奇心を抱き、周囲の自然についてもっと知りたい、もっと理解したいと考える人は多いだろう。自分たちが訪れるさまざまな景観の発達過程を理解し、そうした風景に見られる独特な地形の成り立ちを把握することによって、その場所で得られる経験はさらに豊かなものへと昇華される。

　美しい図版で彩られた本書は、人々が日常的な場面で、あるいは外出先や休暇中に出合った景観を読み解く際の手助けとなるだろう。学生時代に学んだ記憶がおぼろげに思い起こされる人もいるかもしれないし、まったく未知の内容だという人もいるだろう。いずれにしても本書の特長は、できる限り「ランドスケープ」ごとにレイアウトをまとめた構成にある。一連の特性が組み合わさることで、さまざまな自然環境がどのように独自の個性を発揮するにいたるかを、厳選された写真とわかりやすい図表に最小限の説明文を添えて概説している。著者は本書を通じて景観に対する愛情と理解を共有すべく、それぞれの風景がもつ特徴を語り、その起源と発達過程について説明している。多くの読者にとって、本書は今後訪れる場所をより楽しみ味わうための必携の手引書となるだろう。

デイヴィッド・ロビンソン

はじめに

　多くの人にとって、広々としたランドスケープ（景観）の中を歩くことは何ものにも代えがたい至福のときであろう。海岸線の断崖にはげしく打ち寄せる波のドラマ、山の頂の静謐で荘厳なたたずまい、開けた平野の広漠とした空虚感、砂漠の荒涼たる美しさ、氷河のもつみごとなまでの粉砕力。いずれの景観にもそれぞれの魅力がある。こうした光景のすべてが私たちの内なる琴線に響いてくる。それはおそらく古代より受け継がれてきた本能、つまり生存のために必要とされた自然に関する知識を、私たちの祖先が記憶に残した痕跡なのかもしれない。私たちは今なお大地とのつながりを感じている。それは人類の遺伝子に組み込まれた悠久の昔からの声であり、自分たちが誰でありどこから来たのかを喚起させてくれるものである。

人類の歴史は、私たちの足下にある地球の歴史と密接に関係している。岩石と水から成り、茫漠とした宇宙空間の暗闇で回転しているこの小さな丸い地球。私たちひとりひとりがその細胞や骨の中に抱える鉱物の多くは、太陽系から見れば地球がまだほんの微光にすぎなかった時代に、地中の奥深くで形づくられた物質に源を発している。今日私たちが眺める景観の形をつくり上げたのは、偉大なる自然の営力だ。その営力によって人類を含む地球上のすべての生物もまた発達を遂げてきた。景観の歴史は人類の歴史でもある。したがって思慮深い人間が自然景観に眺め入っては、その成り立ちに思いをはせてきたことに何の不思議もないだろう。

炎と氷
Fire and ice
地殻よりさらに深部の過熱物質がもつ営力から、氷河がもつ粉砕力と成形力にいたるまで、数多くの作用を受けることによって岩石が形づくられる。

手がかりを探す *Looking for Clues*

19世紀の著名な地質学者チャールズ・ライエルは、著書『Principles of Geology（地質学原理）』（1830年-1833年出版）の中で斉一説を提唱した。この理論は、さかのぼること紀元前450年頃、ギリシアの歴史家ヘロドトスがエジプトの砂漠で海生化石を発見し、その岩石層がかつては水中にあったと正しく推論したことを想起させるものだった。人間は紛れもなくいつの時代も、ランドスケープ（景観）を理解したいと切望する抑えがたい思いを抱いていたようだ。

今ではよく知られるチャールズ・ライエルの斉一説の概念では、現在私たちの目の前で景観に影響をおよぼしている自然の営力は、過去にも同じように作用していたとされる。したがって、大地を形成する漸進的な作用は想像もおよばないほど長期間にわたってはたらくものだと結論づけられる。ライエルの『地質学原理』を読み、その影響を受けたのが若き日の博物学者チャールズ・ダーウィンだった。ダーウィンは「ビーグル号」での世界航海を経て、カナリア諸島の火山景観やアルゼンチンの山脈、自らが見つけた化石など、長い年月をかけ絶え間なく進化する地形の歴史は説明可能なものだと悟った。こうして得られた発見は、後に地球上のすべての生物の進化を説くダーウィンの進化論へと発展していく。

失われた世界
Lost worlds
岩石の中に閉じ込められた古代の海洋生物アンモナイト。その化石は、長きにわたってその地の景観が眺めてきた数々の気候変動と生態系の変化を想起させる。

地球が常に変化するという概念は、近年では周知の事実だ。現在、私たちは気候がどう変動し、地球がいかに変化しているか、またそうした変化が私たちの生活空間の景観にもたらす影響について理解し始めている。地球の歴史を通じて構造プレートは移動し続け、それとともに大陸もまた気温の高い赤道地方からより厳しい気候の地域へと長い年月をかけて移動していった。

　プレートが移動し気候が変動したという経緯を踏まえると、今では高地に見られる景観が、かつては低平な砂漠地帯だったこともあり得るだろう。低地でおだやかに起伏する丘陵も、かつては海底深くに厚い層を成す堆積物だったとも考えられる。青々と生い茂る丘や山地も、一度は火山地域の中核をなし、その後は氷塊によって完全に覆われたものかもしれない。岩石の形成、風化、侵食、堆積などのあらゆる作用がはたらいて山脈や丘陵、渓谷、さらには岩、シルト、砂、礫（れき）、そして土壌が形成され、そうしたすべての過程が現在の景観のあり方に影響を与えている。

　本書では、現在見られる景観がどこに由来し、どのような過程を経て形成されたのかを概説する。読者のみなさんがあらゆる景観の謎を解く鍵を探し読み解くうえで、本書がその一助となることを願う。

侵食する力
Power of erosion
自然にさらされた岩石は強大な営力の影響を受けやすく、分解されて細かな破片になる。おそらく流水ほど強力な作用をもつものはないかもしれない。

ランドスケープを理解する
Understanding the Landscape

PART ONE
第1章

　雄大な景観の下には必ず岩石がある。いや、あらゆる物質の下には、今まさに形成途上にあるものも含め、さまざまな型、年代、形態をもつ岩石が存在する。そのあまりにも不動で不変な様相から、「岩のようにかたい」という表現が自明の理として広く受け

入れられている。しかし一見変化しないように見える岩石という景観要素は、実は数百万年を超える時の流れの中で熱せられ、成形され、破壊され、そして再成形されるという経緯をたどり、現在もなお絶え間ない変化を続けている。私たちを取り巻く多様な景観は、こうして変貌する地盤の上に成り立っている。

ランドスケープを理解する
Understanding the Landscape

　ランドスケープ(景観)は、その形態と外形、表面を覆う植生と人間の生活、そして地盤となる岩石と土壌によって特徴づけられる。岩石と土壌は時として垣間見えることもあるが、通常は植生の層の下になって見えない場合が多い。景観を注意深く観察すると、それがいかにして形成され今ある特性をもつにいたったのかを示す痕跡を、その形の中に見出すことができる。時には短期間で劇的な作用を受ける場合もあるが、自然景観の多くは数千年を超える緩やかな作用によってもたらされたものだ。

河川の営力
River power

有名な米国グランドキャニオンの絶景は、およそ2000万年にわたるコロラド川の侵食作用によって形成された。その間、北側のロッキー山脈から流れ出た水がコロラド台地を切り裂き、実に17億年前にさかのぼる幾重にも重なった堆積岩層(むき出しになった断崖に見られる縞模様)を露出させた。

古代の断層 Ancient fault
多くの谷は水や氷河の作用で削られてできるが、それとは異なる成り立ちを示す規模のものもある。スコットランドのグレートグレンは国土をほぼ2つに分断している。これはおよそ4億5000万年から5億年前に生じた大陸プレート間の断層のあかしと考えられている。

偉大な力 Great forces
オーストラリアの有名なウルル（エアーズロック）の一枚岩。この岩石を構成している5億年前の砂岩層は、（推定およそ4億年前の）地殻変動によって傾斜し、その後徐々に風力と流水による侵食作用を受けた。

炎の山 Mountains of fire
ヴェスヴィオ山に代表される火山が地質学者にとっては魅力的なのは、目に見えない地球深部の謎を明らかにしてくれるからだ。火山は、溶けた岩石が地殻の亀裂を通って押し上がり噴出することによって形成される。このため火山は断層線近くで多く見られる。

氷の頂 Ice peak
非常に寒冷な地域では、氷が巨大な塊となって谷を流れ落ち、大峡谷をうがち山頂を削る。その結果、スイスアルプスのマッターホルンに見られる錐体形のように、独特の形と特性をもつ自然景観がつくられる。

EARTH 地球

イントロダクション *Introduction*

地球はおよそ45億6000万年前にガス雲と氷と宇宙空間の微惑星が合体することによって誕生した。この数字はあまりに途方もなく、私たち人間の感覚では把握しにくい概念だ。しかしこれは、景観とその特性がいつどのようにしてつくられたかを推定するうえで非常に重要な時間軸となる。ナイジェル・コールダーが著書『The Restless Earth（休みない地球）』の中で、地球史46億年を人間の46年の生涯にたとえたことは有名である。それによると、生物の出現はほんの6年前であり、顕花植物が出現したのが1年前、恐竜が姿を消したのは8ヶ月前、人類の進化にいたってはすべてこの1時間で起きたと考えられる。そして現在私たちの眼前に広がる景観は、こうした年月を経て形づくられたものだ。

時の矢
Time's arrow

地質学者たちは、世界各地で発掘された岩石と化石の地層をチャート化して対比するとともに、放射性年代測定法を用いて細切れの地球史をつなぎ合わせた。下記の年代表は、地球発達史におけるさまざまな段階を示している。

地球発達史

累代	先カンブリア時代(隠生代)							顕生代			
	冥王代	始生代			原生代						
代		前期	中期	後期	古原生代	中原生代	新原生代	古生代			
								下部			上部
紀/系								カンブリア紀	オルドビス紀	シルル紀	デボン
世/統											
事象	地球の形成	最初の生命誕生		最初の陸塊形成	最初の多細胞生命体			最初の海洋生物	最初の脊椎動物	最初の陸上植物	最初の陸上動
年(100万年前)	4600	3800	3400	3000	2500	1600	1000	544	510	439	409

16 ランドスケープを理解する

隕石の影響 Meteor impact

米国アリゾナ州のメテオクレーターは、5万年前の衝突によってできた比較的新しい隕石孔(いんせきこう)だ。地球上で数多く発見されるこれらの隕石孔は、地球が誕生して以来、隕石による衝突を受け、気候と地質構造に影響を受けてきたあかしである。

岩石の年代 Rocks of ages

何枚にも重なる地層は、地球の歴史、そしてさまざまな年代に現れては消え去った多くの生命体の歴史を物語っている。数々の地質作用によって岩石の位置は時間とともに変化するため、他との対比による地層年代の測定は複雑な作業となる。

		中生代				新生代				新生代			
炭紀	ペルム紀	三畳紀	ジュラ紀	白亜紀		古第三紀				新第三紀		第四紀	
						第三紀							
						暁新世	始新世	漸新世	中新世	鮮新世		更新世	完新世
初の主類および虫	最初の超大陸パンゲアの形成	最初の恐竜および哺乳類	パンゲアの分裂、最初の鳥類	恐竜の時代終焉		最初のウマ科動物および霊長類	最初のマンモス	ヒマラヤ山脈の形成	ヨーロッパアルプスの形成	最初の人類		最初の現生人類	最初の文明
3	290	245	208	146		65	58	37	24	5		2	10,000 (年前)

ランドスケープを理解する

地球の構造 *The Earth's Structure*

地球の外周は4万km、直径は1万2732kmだ。地球の中心部には、基本的に固体の金属（鉄とニッケルを主成分とする）から成る球体の内核があり、その外側には金属が溶融した状態の外核がある。外核の外側には、深さおよそ2200kmにおよぶ密度の高いケイ酸塩鉱物の厚い層がマントルを形成している。さらにマントルの上には、薄くてかたく割れやすい地殻が浮いている。地殻と上部マントルのかたい部分が合わさり、リソスフェアと呼ばれる地球表面を覆う岩石圏を形成している。

青い点
Blue dot
冷温で青く水が大部分を占める表面に反して、地球の内部は灼熱の状態にある。内核の温度は推定およそ4700℃。この熱は液体金属から成る外核を通って上層へと上り、マントルでは3500℃になると考えられる。

原動力 Driving forces

核で発生した熱は、岩石から成るマントル内部を上って熱の上昇対流となる。この対流はマントル最上部に向かうにつれて徐々に冷めていき、その後ふたたび下降する。こうしたマントル対流が地球表面のプレートを動かす原動力となる。

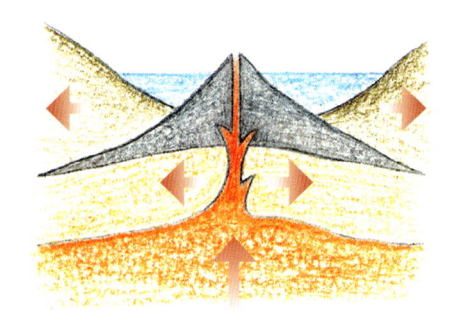

海嶺の形成 Ridge building

新たな海洋地殻が形成されている大西洋中央海嶺(幅およそ1000km、比高およそ2500kmの海底火山)の発見は、地殻が絶えず拡大し、移動し続けているという理論を裏づける証拠となった。

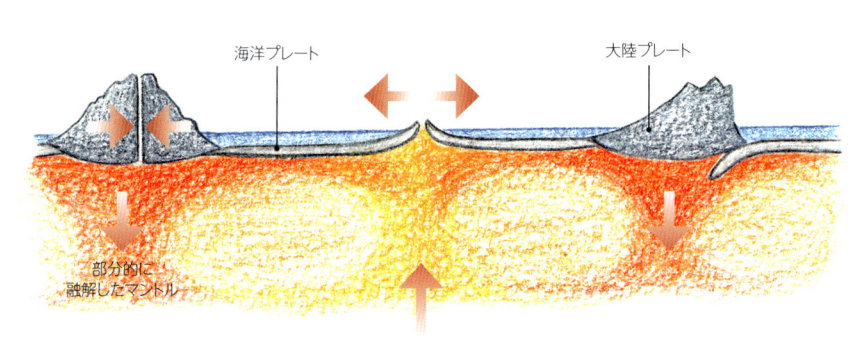

対流による移動 Going with the flow

地震学の研究と海洋探査が進められ、部分的に融解したマントル(アセノスフェア)の上にはかたいプレートが浮かび、マントル内部の上昇および下降する対流を原動力としてプレート運動が起きていることがわかった。プレートは大別すると、比較的年代が古く軽い花崗岩質で非常に厚い大陸プレート(シリカとアルミニウムを多く含み、シアルとも呼ばれる)と、薄いが密度が高く比較的新しい玄武岩質の海洋プレート(シリカとマグネシウムを含み、シマとも呼ばれる)の2種類となる。

ランドスケープを理解する

動く大陸 *The Moving Surface*

大陸リフト(右ページ)
Continental rift
アイスランドは2つの海洋プレートが離れる発散型プレート境界の真上に位置している。地中の熱と内部活動により、地殻が隆起して海面より上に姿を現した。

　1912年にドイツの気象学者で地球物理学者でもあるアルフレッド・ウェゲナーは、現在の大陸は巨大なジグソーパズルのようにちょうどつながる形に見えることから、かつてそれらが1つの「超大陸」を形成していたとする説を提唱した。戦後になされた数々の発見により、実際に地球の表層部分を移動する複数のプレートの存在が実証され、ウェゲナーの理論の正当性が認められるようになった。こうしたプレート運動やプレートの拡大と衝突の仕方によって、山地の形成と崩壊はとてつもなく長い時間をかけて進められる。

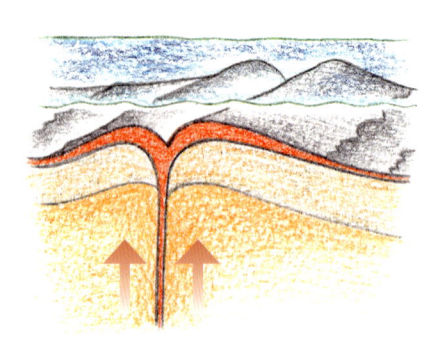

発散するプレート境界 Constructive plate margin
大西洋中央海嶺は発散型プレート境界として知られ、2つの海洋プレートがゆっくりと互いに離れるように移動する。この移動に伴い、新たな溶融岩石(マグマ)が地中からわき上がって新しい海洋地殻がつくられる。

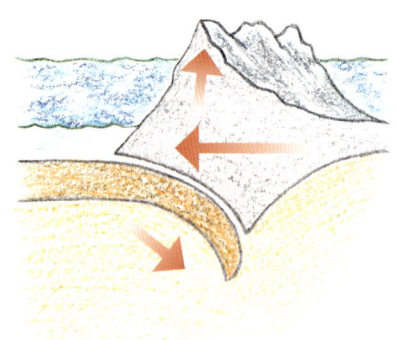

収束するプレート境界 Destructive plate margin
大陸プレートと海洋プレートが接する場所で見られる境界。比重の大きい海洋地殻が大陸地殻の下にもぐり込む。大陸地殻にはひずみが生じて山地を形成し、一方で海洋地殻はマントルへと沈み込んでいく。

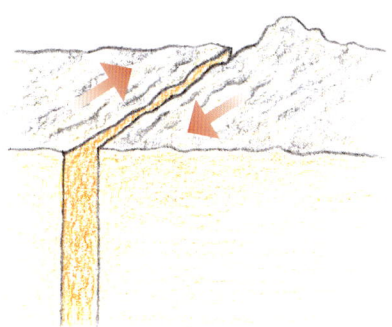

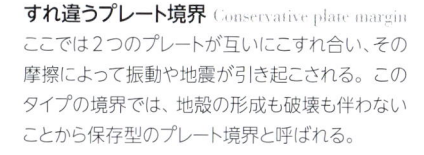

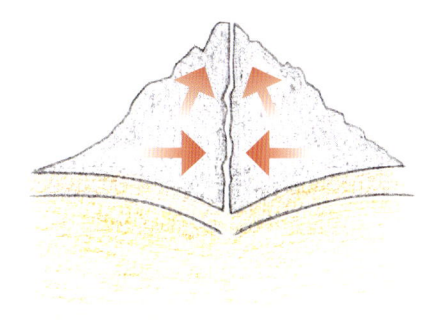

すれ違うプレート境界 Conservative plate margin
ここでは2つのプレートが互いにこすれ合い、その摩擦によって振動や地震が引き起こされる。このタイプの境界では、地殻の形成も破壊も伴わないことから保存型のプレート境界と呼ばれる。

衝突するプレート境界 Collision plate margin
2つの大陸プレートが衝突し、一方がもう一方の下に沈み込むことができない場合、プレートにひずみが生じて地盤が大きく隆起する。ヒマラヤ山脈は、インド・オーストラリアプレートとユーラシアプレートとの境界で形成されている。

ランドスケープを理解する

イントロダクション *Introduction*

これまで見てきたように、地表のはるか下では高温の岩石はなかば固体の状態を保っている。これは、地下深部では岩石にきわめて高い圧力がかかっているためだ。しかし地球表面のプレート運動の結果、地殻に割れ目が生じることがある。この状態になると圧力は低下し、岩石は溶けてマグマとなる。液体マグマは地下の割れ目を伝ってわき上がり、溶岩流となって地表に噴出する。

火山活動
Vulcanism

火山体は世界各地に分布している。写真は日本の壮大な富士山。このような火山地帯では、プレート運動により地殻に圧力が加えられて割れ目が生じている。多くの場所では、はるか昔の火山活動による痕跡と火山岩の堆積物が、地形的な特徴として現れている。

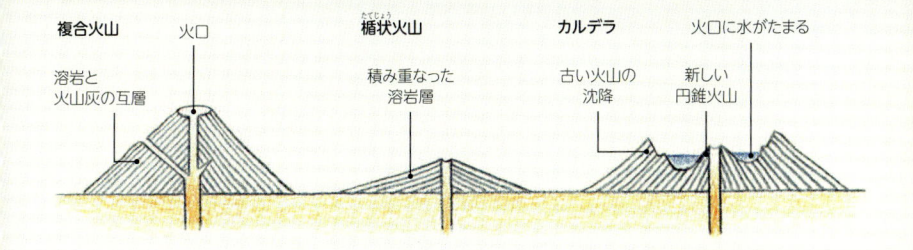

複合火山 火口　　　　　　**楯状火山**　　　　　　　**カルデラ**　　火口に水がたまる

溶岩と　　　　　　　　　　　積み重なった　　　　　古い火山の　　新しい
火山灰の互層　　　　　　　　溶岩層　　　　　　　　沈降　　　　　円錐火山

円錐火山の猛威 Cones of violence

火山には多くの形態があるが、もっとも顕著であり壮大な姿を見せるのが「複合円錐」火山だ。このタイプは、交互に噴出した火山灰と溶岩流が、中央部の火道まわりに互層を成して徐々に堆積することによってつくられる。大きな噴火になると、巨大な火口から溶岩や火山砕屑物が大規模な火砕流（熱雲）となって大気中に噴き出し、広範囲にわたって噴出物が降下する。

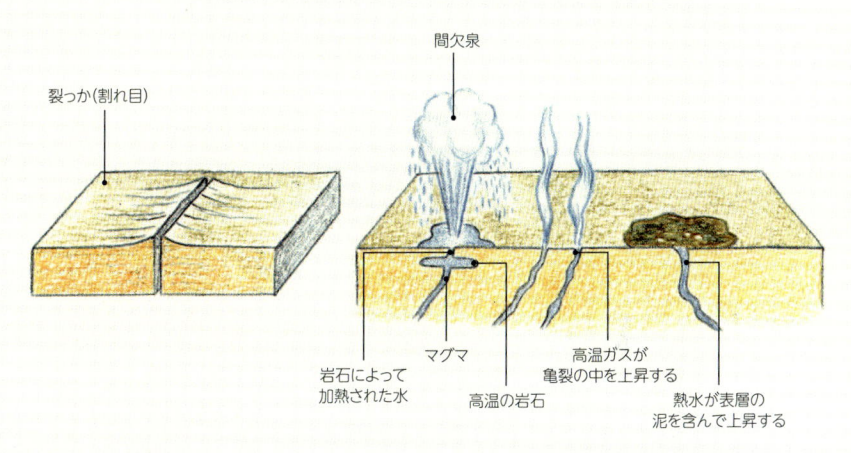

間欠泉

裂っか（割れ目）

岩石によって　　　マグマ　　　高温ガスが　　　熱水が表層の
加熱された水　　　　　　　　亀裂の中を上昇する　泥を含んで上昇する
　　　　　　　　　　高温の岩石

地下深くの熱源 Fire down below

火山噴火は、必ずしも火山体という山の形態をとるものばかりではない。プレートが離れていく運動の結果、地殻に亀裂が生じるとマグマは裂か（割れ目）を通り、溶岩流となって地表に噴出する。地下水もマグマに加熱されて水蒸気となり、上昇圧で押し上げられて間欠泉として地表に噴き出す。徐々に圧力が下がると、水蒸気は噴気孔から放出される。また、高温の地下水は泥と混ざって泥火山を形成することもある。

ランドスケープを理解する　**23**

岩石の形成 *Making Rocks*

玄武岩の塔
Basalt towers

スカイ島のストーとして知られる、突出した玄武岩の露頭。この火成岩は6000万年近くも前に噴出した溶岩層から成り、後に自然の諸作用で侵食されて現在見られる岩肌のごつごつとした形になった。

　地形を形づくるうえできわめて大切なのは、基盤となる岩石の種類だ。つまり、岩石を構成する要素と、さまざまな侵食作用を受けたときの耐性あるいは「変形のしにくさ」が重要な鍵となる。岩石を構成する造岩鉱物のうち、地球の表層で一般に見られる種類はおよそ30ほどだ。これらの鉱物は、結合する量、温度、圧力などの条件の違いに応じて、さまざまな特性をもつ多種多様な岩石を形成する。このようにしてできた岩石は、その形成過程によって主に火成岩、堆積岩、変成岩の3つに大別される。

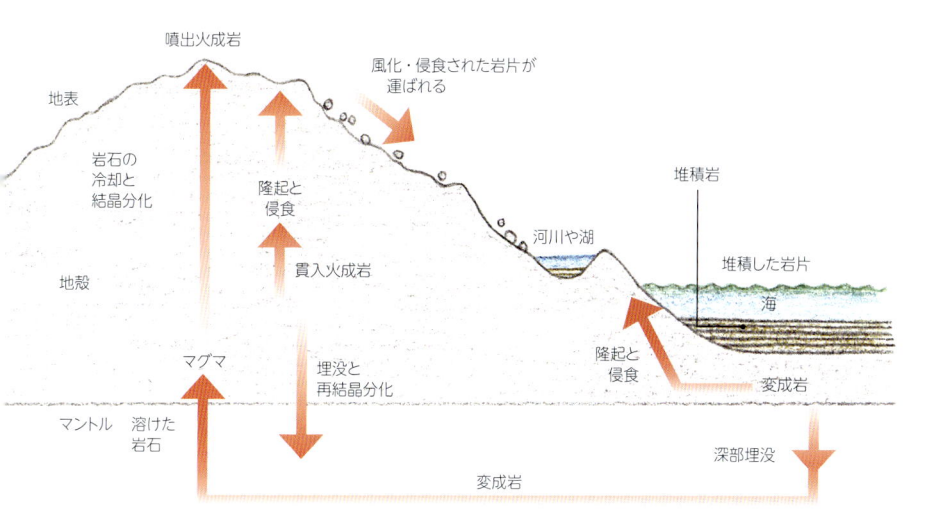

岩石の循環 Rock cycle

液体マグマが溶岩となって地表に放出されると、時間とともに冷え固まって噴出火成岩と呼ばれる岩石となる。一方、マグマが地下で冷えて固まった岩石は貫入火成岩と呼ばれる。どちらの火成岩もやがて地表に露出して侵食され、多くは砕けた後に、重力、風、水によって川や湖あるいは海の底に運ばれる。これらは堆積層を形成するにしたがい、さらに上に積み重なった地層の圧力で徐々に砂岩やチョークなどの堆積岩となる。こうしてできた岩盤はプレート運動の結果生じたひずみとなって隆起し、風化・侵食作用を受けて細片化され、堆積層を成して積もっていく。そして地殻変動の力や堆積層の重み、さらに地下深部からの熱や圧力を受けて変成し、再結晶して変成岩と呼ばれる新たな性質をもつ岩石となる。

岩石の変形 *Rock Deformation*

層の重なり（右ページ）
Layer cake
垂直方向の地層の褶曲は、地殻変動の強大な力がいかにして地層を断ち切り、ねじ曲げ、このアルプス山脈に見られるような山岳景観をもたらしたかを物語っている。

　ひとたび岩石が形成されたといっても、そこから続く道程はまだ始まったばかりだ。プレート運動によるとてつもない圧力がかかると、一見堅固に見える地層がねじ曲がったりゆがんだりして巨大な岩盤はもち上がり、波形や褶曲をつくり出す。岩石と堆積層は風や水の侵食にさらされるばかりでなく、この強大な圧力によって圧縮された結果、動力変成作用がはたらいて岩石の組織に変化が生じる。さらに、こうして圧力を受けた地層が断ち切れてずれることから断層が生まれる。

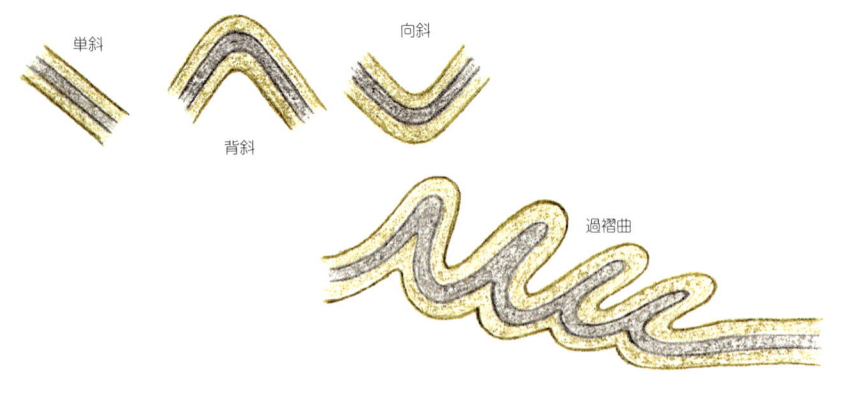

単斜　　背斜　　向斜

過褶曲

褶曲 Folds
あらゆる岩石（とくに堆積岩）は、プレート運動による強大な圧力のもとで傾斜やひずみ、褶曲を生じる。圧力を受けた時間と力の度合いによって、単純な一方向への傾斜（単斜）、山型の屈曲（背斜）、谷型の屈曲（向斜）から複雑な波形の屈曲（過褶曲）にいたるまで、大きさ、形状、複雑さの異なるさまざまな褶曲が生まれる。いずれの場合も、地質学者は地層累重の法則（古い地層の上に新しい地層が堆積するという考え）にもとづき、地形がいつのようにして形成されたのかを地層の相対位置から推定する。

正断層

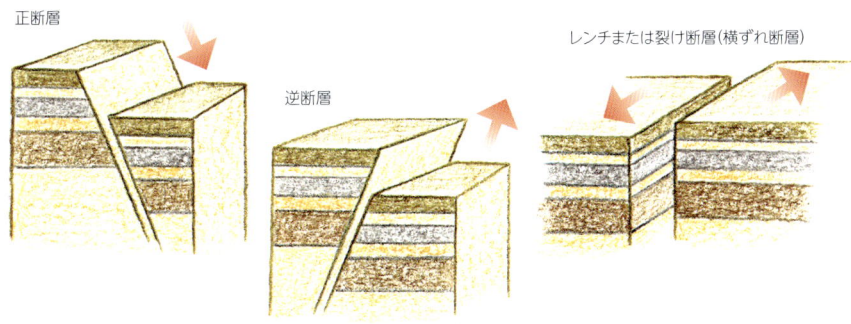

逆断層

レンチまたは裂け断層（横ずれ断層）

断層 Faults

圧力を受けると地層は断ち切れ、断層面と呼ばれる切断面に沿ってずれていく。多くの場合は角度をつけて縦方向に切れ、断層面をはさんだ一方の地層が他方よりずり落ちる、あるいは押し上がることによって一方が他方よりもずっと低くなる。

また、断層面をはさんだ両者が水平のまま横ずれを起こす場合もある。こうして地表近くの浅い部分から地下の深部にいたるまで、あらゆる場所で複雑な断層が生じる。

ランドスケープを理解する

岩石の風化 *Rock Breakdown*

　これまで岩石が地下の高温・高圧下で形成されてきた過程を見てきたが、それは水と酸素が関与していない場合だった。岩石は地表に露出すると自然の営力のもとにさらされる。とくに水は岩石の化学結合に影響を与え、岩石を風化させて造岩鉱物の細粒に分解する。この他、温度変化や氷などの物理的作用によっても岩石はもろくなり、さらに化学的・物理的風化を受けやすくなる。このような作用がきわめて長時間はたらくと岩石は徐々に磨耗し、地形は削られていく。

強靭な柱
Towers of strength

岩石が風化・侵食される度合いは、鉱物組成とそこに作用する力に応じて変化し、最終的に特有の形がつくられる。写真は、中国の張家界国家森林公園に見られる石灰岩カルスト地形の絶景。湿潤な気候で岩石の大部分は溶け去り、侵食されにくい部分だけが石の柱となって残された。

大気

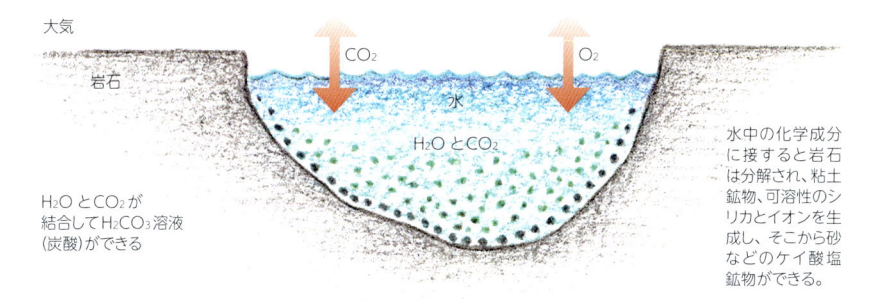

岩石

CO₂

水

H₂O と CO₂

O₂

H₂O と CO₂ が
結合して H₂CO₃ 溶液
(炭酸)ができる

水中の化学成分に接すると岩石は分解され、粘土鉱物、可溶性のシリカとイオンを生成し、そこから砂などのケイ酸塩鉱物ができる。

化学的分解 Chemical decomposition

水に溶けた酸素や二酸化炭素 (炭酸として知られる) などの成分が岩石中の鉱物に接すると、岩石は化学的に風化つまり分解される。これらは岩石中の鉱物に反応して新たな鉱物と微粒子をつくり出し、微粒子は水に洗い流されていく。たとえば、鉄含量の高い岩石がさびるのは、水と大気中の酸素が鉄と反応して水酸化鉄をつくるためだ。地衣類などの微生物もまた岩石を溶かす酸を分泌する。

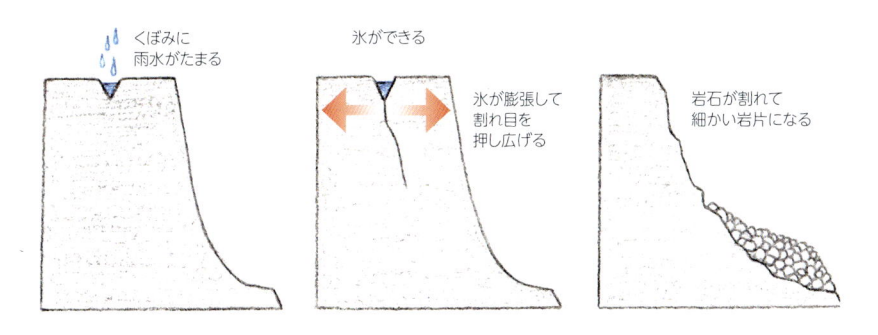

くぼみに雨水がたまる

氷ができる

氷が膨張して割れ目を押し広げる

岩石が割れて細かい岩片になる

物理的分解 Physical disintegration

岩石の物理的分解 (岩石が風化して細片化されること)は、凍結、はげしい気温差、生物の作用などによって起こる。岩石の穴や割れ目にしみ込んだ水が凍結すると体積は膨張し、割れ目を押し広げて岩石をもろくする。標高の高い地域では、太陽熱で高温になった岩石が夜間には急激に零下まで冷却するなど、日較差によっても岩石は砕け、凍結の影響をより受けやすくなる。この他、植物の根が割れ目に入り込んで岩石が分解されることもある。また、岩石は潜穴動物や昆虫やアリなどの影響によっても水と凍結の作用を受けやすくなる。

侵食 *Erosion*

　岩石が風化すると、ばらばらになった岩石粒子は侵食作用で運ばれ、やすりのように岩の表面を削り取る。割れ目はまた大きくなってさらに風化が進んでいく。もろくなった岩石粒子は、水や氷といった侵食媒体とともに重力の作用も受けて斜面を流れ落ちる。また、風によっても運ばれて地表を削る。このようにあらゆる力がはたらいて岩石ははがされ、地形は削り取られて徐々に低くなっていく。

風の力
Wind power

特異な形をしたこれらの岩石には、砂漠での風食の威力が現れている。このように風によって形づくられた岩は風食礫と呼ばれる。

谷をうがつ河川

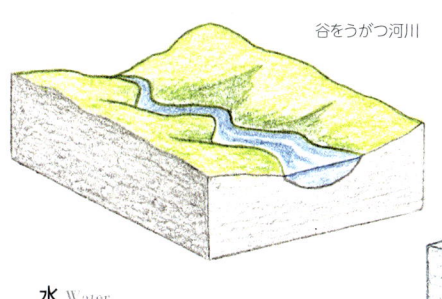

岩石を運び、
谷を洗掘する氷河

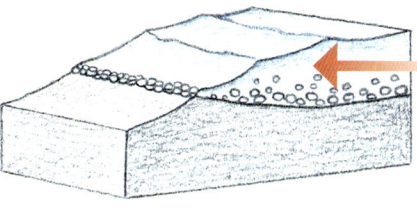

水 Water

岩石風化の主な営力となった水は、侵食においても重要な役割を果たす。流水は岩石を削って小さな岩片と土壌を運び、さらに洪水時には巨礫をももち上げる。波もまた海岸線に強く打ち寄せる。

氷 Ice

氷河を形成する氷も侵食作用の重要な営力だ。水と同じく流動するが、その速度は水よりはるかに遅い。氷河がはぎ取った巨礫や岩片は凍結して氷に取り込まれ、岩屑とともに地表を削っていく。

トア(岩塔)や
台座岩を削る風

かたい岩石

風の動き

不安定な地盤が
すべり落ちる

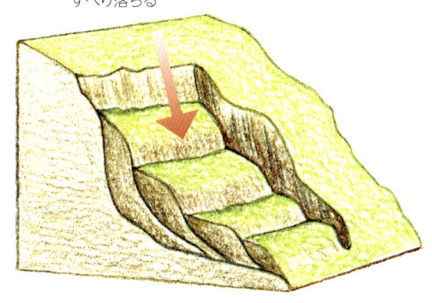

風 Wind

水や氷と比較すると風の比重ははるかに小さいため、飛ばすことができるのは岩の細粒やちりの粒子のみだ。ただし風の場合も水や氷と同じく、速度が増すほど大きな粒子をもち上げて運搬することができる。

土 Earth

岩の細粒と土壌がつくる土塊は、構造的に岩盤よりもはるかに不安定だ。そのため重力や時には水の力が加わると地すべりや泥質すべりが起こり、土塊が斜面下方に滑動する。

ランドスケープを理解する

土壌 *Soil*

　岩石の風化、侵食および堆積といった作用の産物である土壌は、地球上で水に次いで重要な物質のひとつだ。土壌は風化・分解された岩石の粒子から成り、かつては岩石の一部だった多くの鉱物と、微生物や昆虫によって分解された有機物つまり腐植を含んでいる。これらの要素が合わさって植物とそれを常食とする生物の生活、そして最終的には人間を含むすべての生命体の食物連鎖を支えている。

生命の源
Stuff of life
草や樹木の茂る緑地とそれに依存するあらゆる生命体は、細かい岩片と有機物でできた土壌に支えられている。

良い土壌 The good earth

土壌は岩石風化の産物だが、そこには水分と酸（植物の根やバクテリアが放出する二酸化炭素溶液など）が含まれるため、土壌内の岩石の風化はさらに進行していく。発達する植生の区分は、土壌を形成した岩石のもともとの鉱物組成や、有機物が分解してできた腐植、そして二酸化炭素など化学成分の含有量によって異なったものとなる。次の図では、氷河が後退した後などに見られる生成当初のかなりやせた土壌から、有機物が腐敗し、微生物や虫や植物が作用した後の成熟した土壌にいたるまでの経過を示している。植物の根によって、土壌と堆積物とが固結し、土壌侵食を防いでいく。

未成熟な土壌

- 草と低木
- 有機物の層ができ始める

土壌の形成

- コケ類と地衣類
- レゴリス
- 地表の石
- 岩片
- 基盤

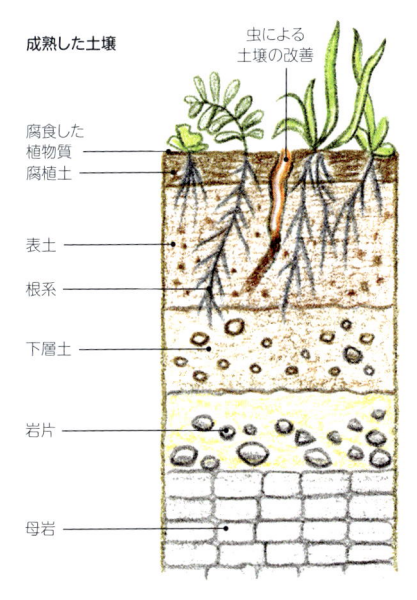

成熟した土壌

- 虫による土壌の改善
- 腐食した植物質
- 腐植土
- 表土
- 根系
- 下層土
- 岩片
- 母岩

堆 積 *Deposition*

　岩石が風化して細かい粒子になると、侵食作用(主な媒体は水だが、その他に氷河、風、地すべりによるものも含む)を受けて低い方へ低い方へと運搬される。流れが徐々に遅くなるにしたがって粒径の大きなものから順に堆積し、大量に積もって堆積層を形成する。やがて重なり沈んだ堆積層は、p.25の説明にあるように次第に堆積岩へと変わっていく。その後、こうしてできた岩石がふたたび地表に露出すると、風化、侵食、堆積というサイクルがもう一度最初から繰り返される。

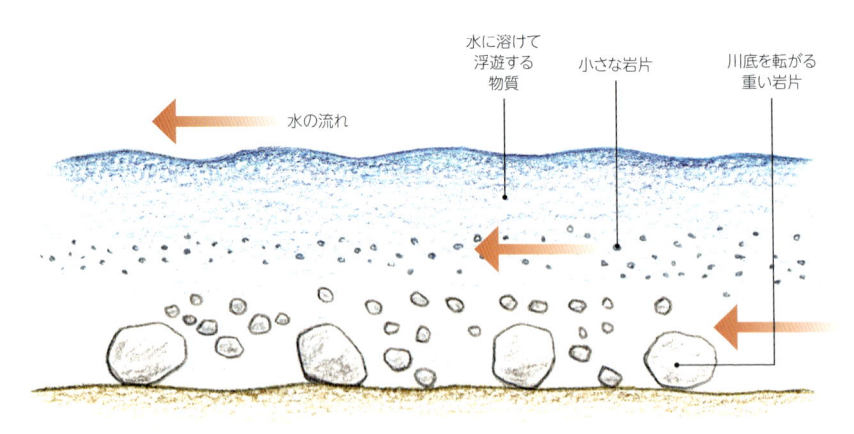

水に溶けて浮遊する物質　　小さな岩片　　川底を転がる重い岩片

水の流れ

河川、湖、海 Rivers, lakes and seas
堆積作用の主な駆動力となるのが水だ。河川は大量の堆積物を山や丘の斜面下方へと運んでいく。水流が弱くなると重い岩や中礫は河床にたまるが、細粒の砂やシルトなどは湖や海に向かって流下し続け、川が海に合流する地点で扇形を成して堆積する。川の流れが土手を越えると氾濫原(はんらんげん)が生まれ、周囲の地面には堆積層がたまっていく。このようにして河川が残した堆積層は、農業に適した肥沃(ひよく)な土壌をもたらす。

デルタ地帯 Delta force

上流で風化して石や礫、砂、泥、シルトに細片化された岩片は、河川によって運搬される。海に流れ込む頃には水流は緩やかになり、これらの粒子は三角形を成して堆積し、河口まわりに地形の高まりをつくり上げる。

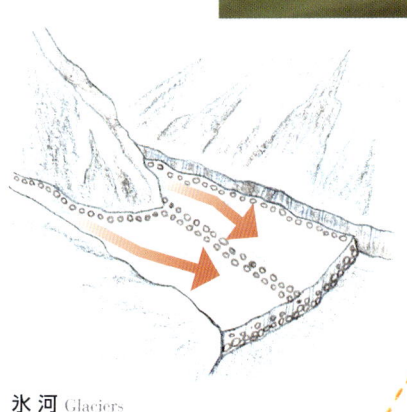

砂漠 Deserts

砂丘は砂海とも呼ばれ、大量の堆積物を蓄えている。砂漠のように極端な乾燥地域では運搬作用のある河川はなく、風が堆積物を巻き上げて時には地球の裏側まで運んでいく。

氷河 Glaciers

氷河は相当量の岩片をもち上げ、氷の中に取り込んで運んでいく。氷河が融けた後、谷底には氷が残していった巨礫や岩屑の堤が見られる。

風の流れ

徐々に後退する砂丘

砂粒の流れ

ランドスケープを理解する 35

化石 *Fossils*

化石には、ある地域の景観とかつてその場所に生息していた生物が現在とはどれほど異なっていたかを示す片鱗が現れている。化石は風や水の侵食作用で新たに露出した堆積岩層、とくに断崖などに見られる。つまり、かつて川や湖あるいは海の底にたまった地層に軟体動物など水中生物の遺骸が埋もれ、化石化したのだろう。この他にも、氷の中で凍結したり、砂漠のような水や空気の乏しい環境で保存されたり、あるいは琥珀の中に埋没した化石なども見られる。

過去の生命
Lives past
英国ドーセット州ライムリージスの断崖と海岸。波による侵食を受け続けた結果、数百万年前に海底に沈み化石化した海洋生物の埋没する地層が姿を現した。

海底
さらに堆積層が重なる

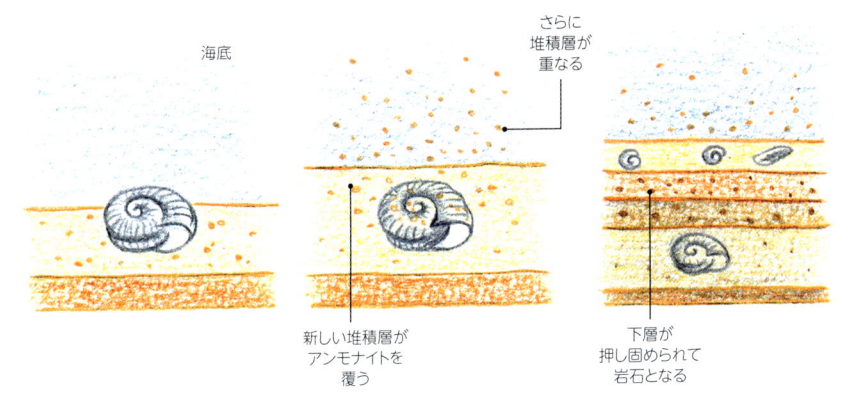

新しい堆積層がアンモナイトを覆う

下層が押し固められて岩石となる

石化する Turned to stone
動植物の遺骸や痕跡が岩石の中に保存されて化石になるには、特殊な状況が重なったものと思われる。化石のおそらくもっとも一般的な形態に、堆積岩への埋没がある。上図のアンモナイトのような海洋生物の遺骸が海底に沈むと、まず軟組織がバクテリアによって分解され、すみやかに砂層に埋没した後、ゆっくりと圧密を受けて石化する。殻の分子は徐々に堆積層中の鉱物分子によって置換され、殻部分が保存される。やがて地層が隆起し、その後の侵食作用で地表に露出して化石が現れる。

糧となる Fuel for thought
海洋生物は埋没して石灰岩になったり、砂の中に圧縮されて砂岩になったりする。植物が埋没して一定の条件が加わると、やがて石炭、石油、天然ガスなどの化石燃料が生成される。

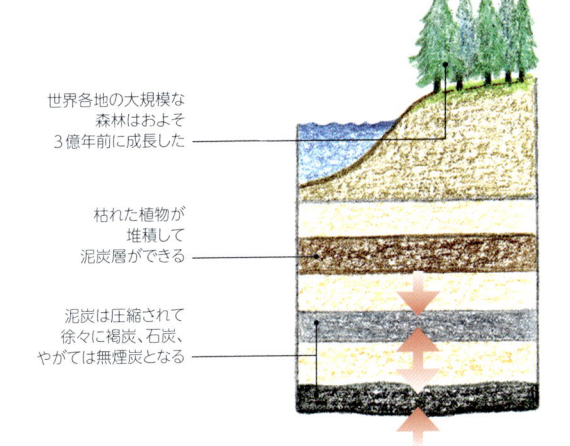

世界各地の大規模な森林はおよそ3億年前に成長した

枯れた植物が堆積して泥炭層ができる

泥炭は圧縮されて徐々に褐炭、石炭、やがては無煙炭となる

ランドスケープを理解する 37

PART TWO
第2章

ランドスケープを読み解く
Reading the Landscape

　第1章では、地形が生まれ、風化し、成形されていく過程に関わる数多くの地質作用とその要因のほんの一端を概観した。本章では、実際に見られる景観の読み解き方を、高地、低地、海岸の地形、その他の地形など、それぞれの風景が展開される場所ごとに考察していく。もちろんふたつとして同じ景観などなく、どの地形

も複雑な地質作用の歴史を経て形成されたものだ。第2章では、こうした作用の中から私たちの眼前に広がる景観を形づくってきたいくつかの例をご紹介する。ある地形の項目で取り上げた作用が別の地形にもはたらくことはあるが(たとえば火山活動など)、本書では重複を避けるため、一度の記述に留めることにする。

アマゾン盆地
Amazon basin
アマゾン盆地のように広々とした平坦な地でさえも、現在の姿にいたるまでには長く複雑な地質作用の歴史をもつ。

ランドスケープを読み解く
Reading the Landscape

大地を形づくる
Shaping of the land
大地の隆起、雨水や河川や氷河による侵食、さらに近年では人間の手による耕作などの諸作用は、この写真に広がる風景を形づくってきた数多くの要素のほんの一部である。

　まわりに展開する景観を読み解く第一歩として、まずはその土地がたとえば山岳地帯なのか、低地なのか、氾濫原なのか、海岸線なのか、あるいは砂漠なのかを見極めると良い。次にその土地の形態をとらえ、どのように生まれ形づくられたのかを理解するには、何らかの解析的な見方が必要となる。景観に残された岩石の種類、地形の隆起や堆積の様式、その後の侵食作用や人間の活動から受けた影響の跡をたどることによって、その地形の起源につながる鍵を見出すことができるだろう。

高地 Uplands
標高が高い土地は、おそらくプレート運動によって隆起したものと考えられる。しかし岩盤は隆起するとすぐに侵食作用を受け、次第に削られていく。

低地 Lowlands
標高が低い土地は地殻変動の影響を受けやすく、さらに地盤沈下、水や風あるいは氷による侵食の作用を受けてきた。低地の地形は海岸付近で展開されることが多く、肥沃な氾濫原を特徴とする。

水と氷 Water and ice
数多くの地形の現在見られる姿には、水と氷が深く関与している。流水と氷河は山地を掘り下げ、谷や盆地、氾濫原を生み出し、海岸線を形づくってきた。

人間の居住 Human habitation
農業の発展以降、もちろん人間の手によっても非常に多くの景観に変化がもたらされた。人間は土地の形を変え、耕し、家を建て、大地のもつ資源を利用して人間社会に動力を供給してきた。

UPLANDS
高地のランドスケープ

イントロダクション *Introduction*

標高の高い場所では、地球上でも有数の壮大で印象的な景観が展開されている。山は一見すると揺るぎないものを具象し、おだやかで永遠に動きのない荘厳さを象徴する存在のようだ。しかし、実際の姿はそれとはかけ離れている。山が存在するのは、地球が絶え間なく変化を続けているからに他ならない。数百万年を超える長きにわたり、強大な営力がはたらいて山が形成され、そして今もなお形づくられている。

隆起と浸食
Features of an upland landscape

北半球の典型的な高地の地形は、その一生の間に数多くの作用を受ける。プレート運動によって岩盤の隆起や亀裂が生じ、侵食作用によって山や丘、岩石、谷が削られて現在見られる地形ができ上がった。隆起する力が侵食する力を上回ると山は高くそびえ、反対に侵食作用が強くなると山は低く沈む。

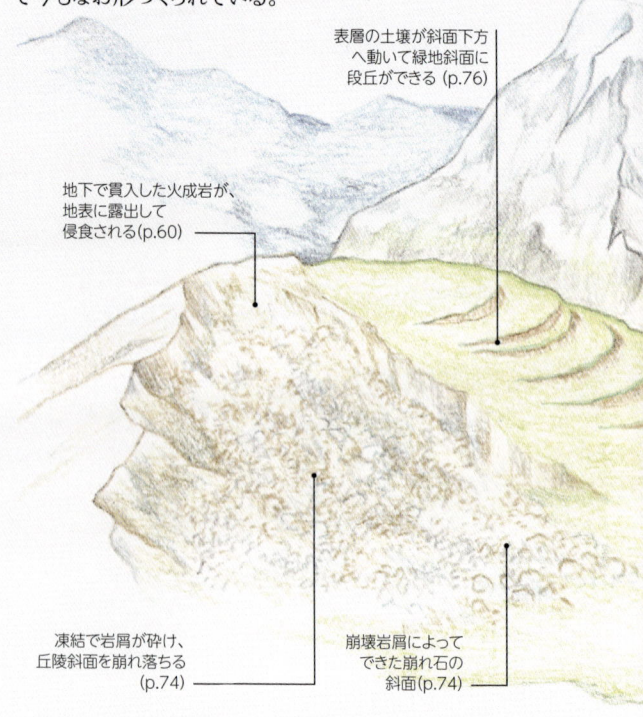

表層の土壌が斜面下方へ動いて緑地斜面に段丘ができる (p.76)

地下で貫入した火成岩が、地表に露出して侵食される (p.60)

凍結で岩屑が砕け、丘陵斜面を崩れ落ちる (p.74)

崩壊岩屑によってできた崩れ石の斜面 (p.74)

高地の景観 The high country

標高の高い地域を歩くと、多種多様な特徴をもつ地形に出合う。冬にはしばしば雪をまとう高い山の峰、ごつごつした岩肌の山腹、威圧感を放つ露頭、断崖や風化した石ころの斜面、急傾斜した谷や幅の広い谷、滝、渓流、湖や山中の小湖。それらが合わさって複雑で変化に富んだ景観を織り成している。このような地形の特性は、地盤となる岩石の種類と、そこにはたらく(水、風、氷による)侵食作用および堆積作用によって変化する。

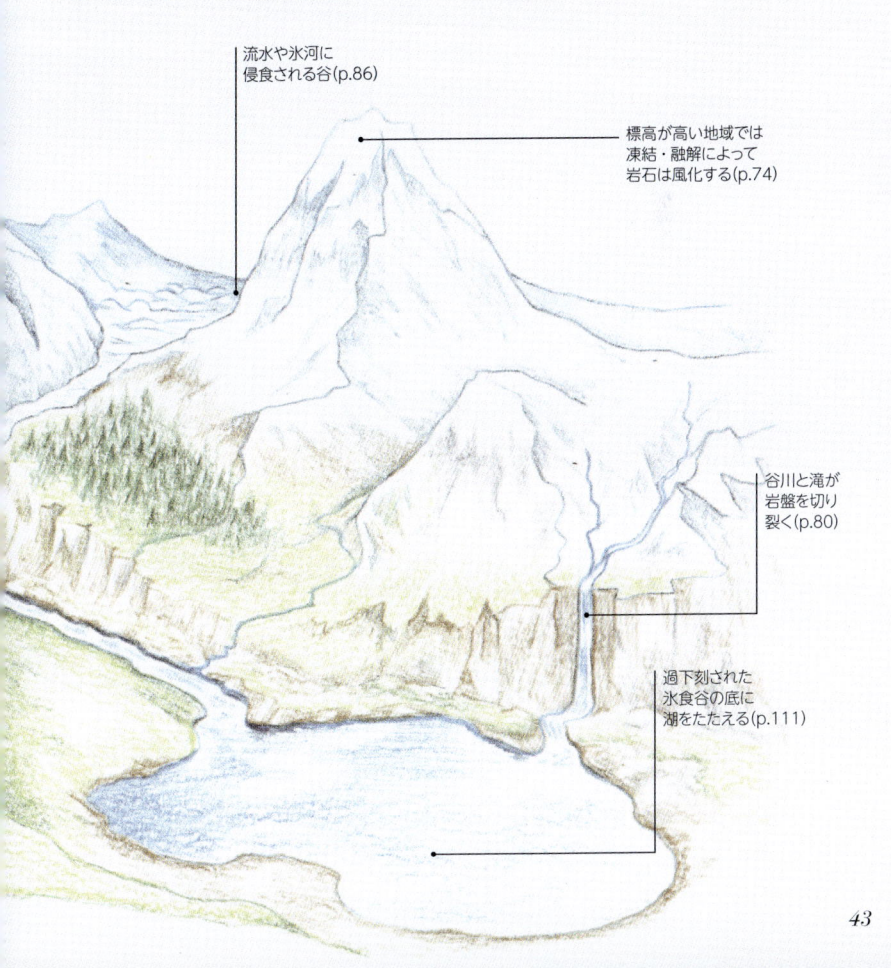

流水や氷河に侵食される谷(p.86)

標高が高い地域では凍結・融解によって岩石は風化する(p.74)

谷川と滝が岩盤を切り裂く(p.80)

過下刻された氷食谷の底に湖をたたえる(p.111)

山脈 *Mountain Ranges*

世界の屋根
Roof of the world
荘厳なヒマラヤ山脈は、7000万年前にアジア大陸側とインド大陸側のプレートが衝突することによって形成された。現在もなお年間5mmの割合で隆起し続けている。

　山脈の形状と大きさは千差万別であり、中には4億年を超えるきわめて古いものもあれば、それに比較するとずっと新しい山脈もある。一般的には高い山脈ほど若いとされている。もちろんほとんどの山は、長く複雑な一連の地質作用を経て現在の姿にいたっている。したがって山脈を構成する山々は、硬度やコンピテンス（岩石が変形する際の耐性あるいは剛性）の異なるさまざまな種類の岩石から成る場合が多い。

凡 例

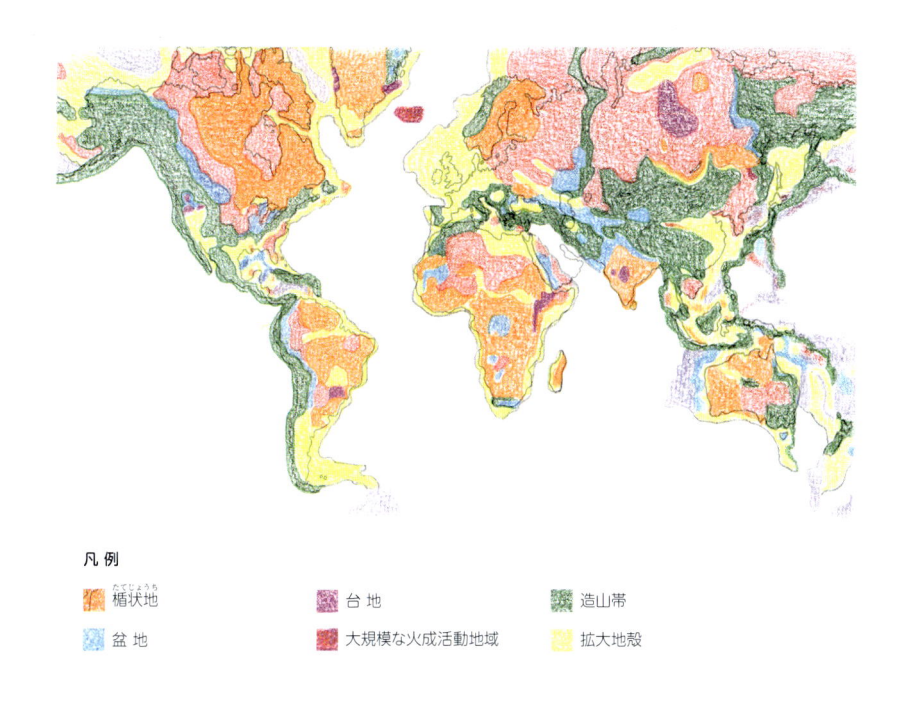

- 楯状地（たてじょうち）
- 盆地
- 台地
- 大規模な火成活動地域
- 造山帯
- 拡大地殻

世界の山脈 Mountain ranges of the world

ほとんどの山は、造山運動として知られる隆起の過程、つまり数百万年にわたって堆積した地層が水平方向に圧縮されて褶曲および隆起することで形成される。また地殻変動によって亀裂や断層が生じて地層が断ち切れたり、もち上がったり沈んだりすることもある。さらに、地表やその付近までわき上がってくるマグマによっても山地は形成される。これは、プレートが衝突する、あるいは離れるといった地球の構造運動が活発な場所で見られる現象だ。このような運動がきわめて長い時間作用した結果、山脈が生まれ形づくられる。たとえばノルウェーとスコットランドをまたいで伸びているカレドニア造山帯は、およそ4億年前にプレートどうしが衝突した結果、地殻が押し上がって生まれたものだ。後の地殻変動によって英国で火成活動や火山活動が起こり、その痕跡は現在も英国西側に位置する地域の岩石に見ることができる。こうした活動の後、地表に露出した岩盤の多くは侵食作用によって徐々に削られていった。

山脈の形成 *Forming a Mountain Range*

　景観の中で、かつては水平だった堆積岩層が大きく「屈曲した」紋様を描いて露出している地形に出合うことがある。このような地層の褶曲は、地球表面のプレートどうしが押し合い、きわめて長い間大きな圧縮力がかかった結果でき上がったものだ。同じ原理がさらに大規模にはたらいて多くの山々が形成された。

地層の折り目
Rock folds

褶曲した地層が侵食作用を受けて姿を現すことがある。そこには、地層が折り曲がって高地景観に特有の波形が生まれた軌跡が垣間見られる。後にやはりプレート運動によって地殻に亀裂や断層が生じると、地層の形状はさらに複雑なものとなり、部分的に硬度や侵食に対する耐性の異なる岩石層が生まれる。

アレゲーニー
構造フロント

アパラチア
山脈

グレート
ヴァレー

ブルー
リッジ
山脈

アパラチア高原

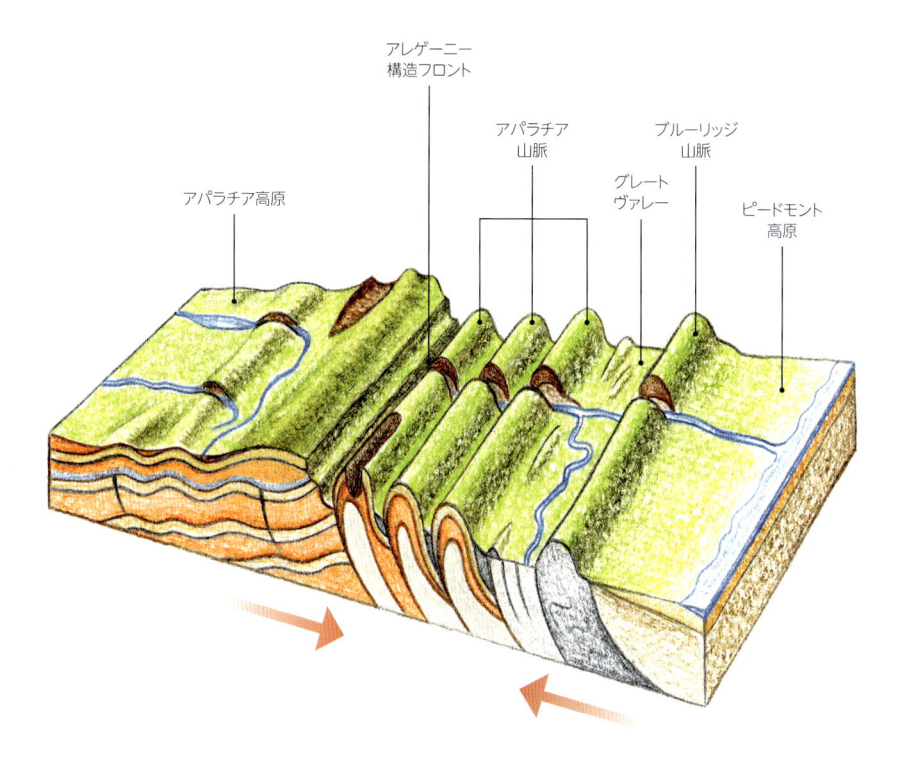

ピードモント
高原

山の起源 Origin of mountains

山ひだが形成される過程は、平らなテーブル上の布を両脇から押し込んでいく動きにたとえることができる。地殻変動によって圧縮された地層（ここでは布にたとえたもの）がひだを成して盛り上がり、それに伴って傾斜や谷が生まれる。この圧縮作用により、地下でも傾斜した断層がいくつもできて地層にずれが生じる。こうして形成された典型的な例がアパラチア山脈（米国北東部に位置し、延長2400kmにわたる数列の山脈）だ。超大陸パンゲア（19世紀のドイツの科学者アルフレッド・ウェゲナーによる造語）を構成していたプレートどうしが衝突した結果、およそ4億7000万年前にその形成が始まったとされるアパラチア山脈は、やがてさらなるプレートの衝突と侵食作用が組み合わさって形づくられている。

平坦な頂 *Flat-topped Mountains*

大地溝帯 Great Rift
東アフリカのグレートリフトヴァレー。比較的小さいソマリアプレートが、アフリカ大陸の大部分を占めるヌビアプレートから離れていく動きにより、常に複数の断層が生じている。

広く平坦な頂をもち、幅広で急傾斜の谷に囲まれた山や台地には、地面に広域な亀裂が平行に入ってできたものが多い。プレートの伸張（または圧縮）によって一定方向の軸に沿った断層が複数生じると、断ち切れた部分が整列した地形となって現れる。隆起し傾動した部分は断層地塊山地となり、一方で沈降してずり落ちた大地は地溝帯を形成する。このようにして生まれた地形は、東アフリカのグレートリフトヴァレーやドイツのラインヴァレーに見ることができる。

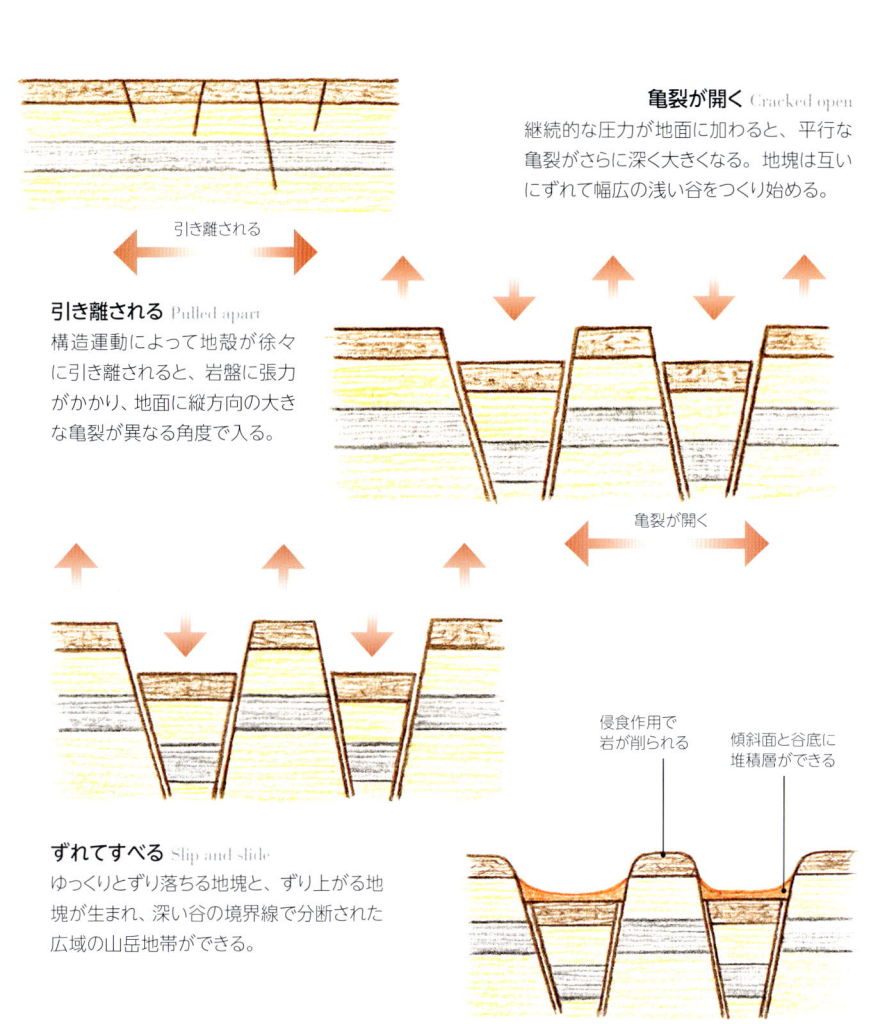

亀裂が開く Cracked open

継続的な圧力が地面に加わると、平行な亀裂がさらに深く大きくなる。地塊は互いにずれて幅広の浅い谷をつくり始める。

引き離される

引き離される Pulled apart

構造運動によって地殻が徐々に引き離されると、岩盤に張力がかかり、地面に縦方向の大きな亀裂が異なる角度で入る。

亀裂が開く

侵食作用で岩が削られる

傾斜面と谷底に堆積層ができる

ずれてすべる Slip and slide

ゆっくりとずり落ちる地塊と、ずり上がる地塊が生まれ、深い谷の境界線で分断された広域の山岳地帯ができる。

侵食される Erosion

侵食作用によって頂および崖の端部分が削り取られ、谷壁に沿って岩屑斜面ができる。流水に運ばれた岩屑は谷底の湖に堆積する。

急峻な山腹 *Steep Mountainsides*

そびえる山々
Raised mountains
ロッキー山脈の一部を成す、ワイオミング州のティートン山脈。東側の険しい崖は、ジャクソンホールと呼ばれる谷の底から比高2100mあまりもそびえ立っている。

平らな谷床の脇にそびえる一連の険しい山々は、構造運動で地殻が引き離され薄くなるにつれて地面に長い亀裂が生じた結果、地塊が隆起してできたものだ。一般的に、このようにして形成された山脈では、一方が急傾斜の崖（地塊が2つに割れてずれた面）、もう一方が頂上からなだらかな下降線を描く斜面になっている。まさにこの特徴を表しているのが米国のグランドティートンであり、やや規模の小さいものでは、英国カンブリア州エデンヴァレーからそびえるクロスフェルの断崖がある。

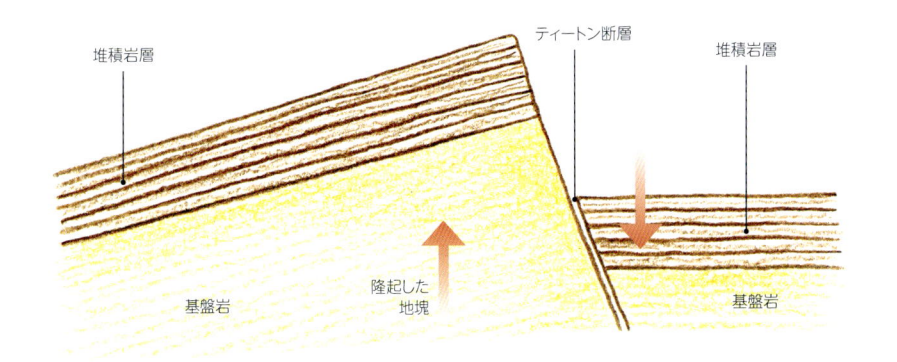

図中ラベル（上図）: 堆積岩層 / ティートン断層 / 堆積岩層 / 基盤岩 / 隆起した地塊 / 基盤岩

隆起した山 Uplifted mountains

ワイオミング州のグランドティートンは、6億年から9億年前に巨大な亀裂（断層）に沿って地面が分断されてできた山だ。断層面をはさんで一方の地層がずり上がり、もう一方はずり落ちて両者の間に高くそびえる崖が形成された。もともとの地層の痕跡が、断層面の両側に展開する高さの異なる地層から発見され、この山の成り立ちをあとづける証拠となった。

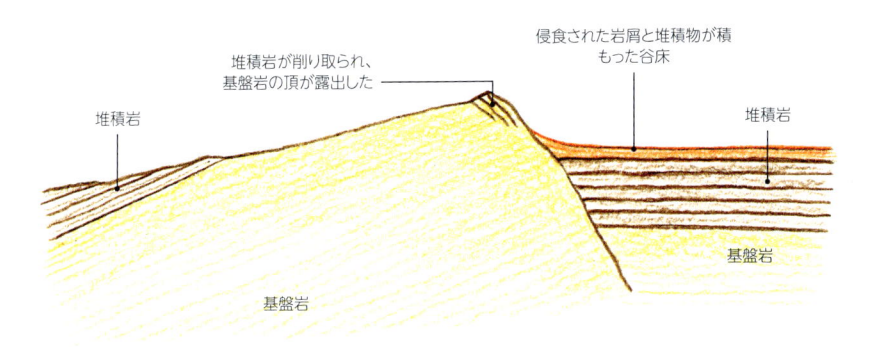

図中ラベル（下図）: 堆積岩が削り取られ、基盤岩の頂が露出した / 侵食された岩屑と堆積物が積もった谷床 / 堆積岩 / 堆積岩 / 基盤岩 / 基盤岩

山頂と谷の侵食 Eroded peaks and valleys

やがて隆起した山頂に露出したやわらかい堆積岩層は侵食作用で少しずつ削られ、基盤岩が姿を現してグランドティートンの鋸歯のような凹凸のある峰々ができ上がった。岩石の風化・侵食で生じた岩屑は徐々に水に流され、平坦な谷床に新たな堆積層を成して積もっていった。

侵食する力 *Erosive Forces*

アイラフォースの滝
Aira Force
イングランド湖水地方のアイラフォースの滝には水の侵食力が表れている。流水が土砂と岩片を運び、下敷きになった岩盤を侵食している。

　これまでは、地殻変動によって広範囲にわたる地面と岩石層が圧縮され、隆起し、褶曲し、断層で断ち切れるという山脈形成の過程を見てきた。しかしこれは地形が形成される道程のほんの前半部分に過ぎない。現在私たちの眼前に広がる景観を形づくるうえで、侵食作用も同じく重要な部分を占めるからだ。地表に露出した岩石層に、水、霜、風、重力、氷河などの作用がはたらいた結果、岩石はその組成に応じてもろくなり、亀裂が大きく開口していく。

地すべりと岩石崩壊
Earth movement and rock falls

風化・侵食によってもろくなった岩石は、砕けて山や丘の斜面を転がり落ちる。流水と重力の影響で土壌もずり落ち、流れ、あるいは滑動して高地の地形を削っていく。

流れる水 Running water

侵食作用の主な媒体となる水は、山や丘を流下して細流や河川、急流、滝となり、岩石層と土壌を刻んで新たに壮大な地形をつくり上げる。

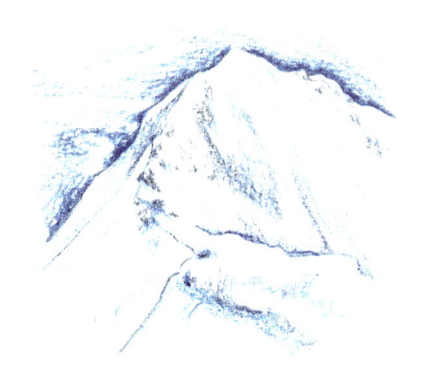

霜と氷 Frost and ice

第1章では、標高の高い場所で霜と氷がいかに岩石を磨耗させるかを見てきた。これらは山頂付近の岩を砕いて侵食を引き起こす重要な媒体となる。こうして生じた岩片は重力、融氷、水の作用で下方へと運ばれる。

氷と氷河 Ice and glaciers

寒冷な気候や降雪が長期にわたって続くと、氷河ができる。過去200万年の間に何度か訪れた氷期に生成された氷河が、北半球の高地地形を広範囲にわたって削り取った。

露頭の頂 *Rocky Peaks*

　高地の景観には、岩の露出した頂が点在している。そうした凹凸の多い鋸歯状の地形を形づくるうえで、氷と水の侵食作用が大きな役割を果たしてきた。地層の中でも比較的やわらかく弱い部分は簡単に砕けて侵食されるが、一方でより耐性の強い部分もある。かたい岩石（花崗岩などの火成岩から成る場合が多い）は、侵食されてぼろぼろになるまでに時間がかかるため、周囲の岩石層よりも長く高くその地にそびえている。英国の湖水地方やスコットランド高地に見られる突出した山の頂の多くは、こうしたかたい火成岩が隆起して地表に露出したものだ。

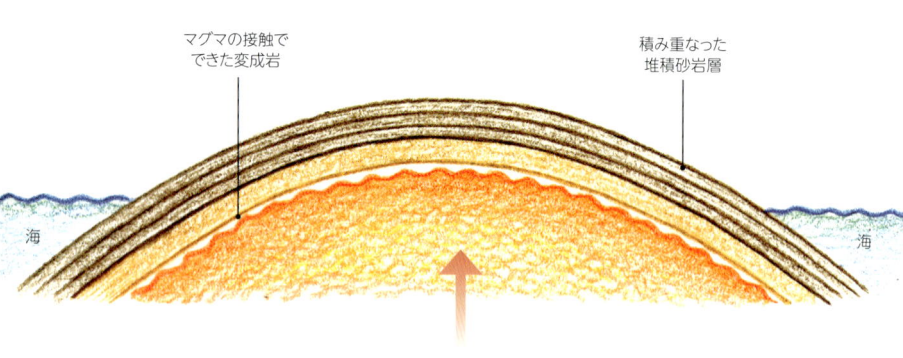

マグマの接触でできた変成岩

積み重なった堆積砂岩層

海　　　海

液体マグマの上昇

隆起の跡 Uplifting experience

多くの山の頂は、火成岩が隆起した後に侵食されるという一連の過程によって形成されてきた。スコットランド西岸沖のアラン島に見られる山もその一例だ。およそ6000万年前の第三紀に、地表からはるか下方でできたマグマが巨大なドーム状の塊となって地下からわき上がった。マグマは上昇するに伴い、上に積もっていた堆積岩層を押し上げ屈曲させた。このように隆起して膨らんだ部分が、現在のアラン島を形成している。

アラン島の頂
The peaks of Arran

アラン島ゴートフェルのかたい花崗岩質の山頂は、地下深くからわき上がり、巨大なドーム状に盛り上がったマグマの名残が露出したものだ。数百万年にわたる風化・侵食作用によって現在見られるゴツゴツした露頭がつくられた。このような岩峰では、氷河による侵食の跡が見られることも多い（p.102参照）。

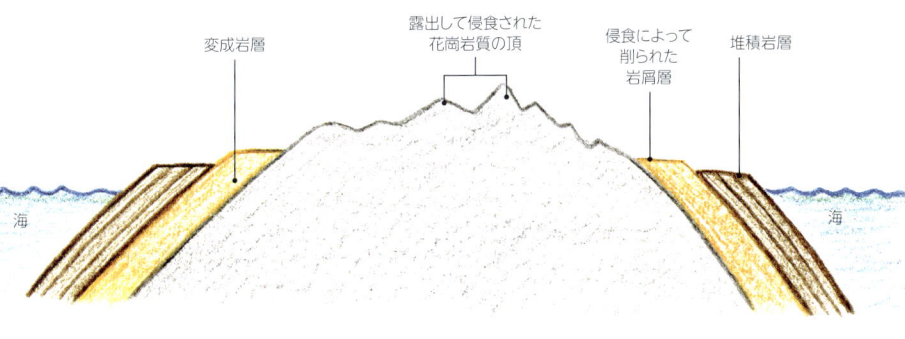

変成岩層 / 露出して侵食された花崗岩質の頂 / 侵食によって削られた岩屑層 / 堆積岩層

海

花崗岩

山頂の侵食 Peak erosion

その後、マグマは固まって花崗岩となった。地中でゆっくりと固結したマグマは花崗岩らしい大きな結晶を形成し、風化や侵食の影響を受けにくい性質に変わる。やがて上層のやわらかい堆積岩層は、凍結、流水、氷の作用で削り取られ、下層のかたい花崗岩が露出する。だが、この花崗岩もまた同じ媒体の作用によって侵食され刻まれていった。

孤立した岩塊 *Isolated Rock Masses*

　高地のとくに乾燥した地域では、岩山や比較的小さい岩塊が他の山々と連なって山脈をつくることなく、単独または周囲の地形から孤立して立っていることがある。これらの露頭は、巨大な堆積岩の塊が流水（寒冷地だった当時は氷河）による侵食や、岩石風化および落石などの作用を受けた後に残されたものだ。このような露頭はメサと呼ばれ、さらに侵食が進むと徐々に小さくなってピナクルまたはビュートと呼ばれる尖峰となる。

記念碑のメサ
Monument mesas

米国アリゾナ州とユタ州にまたがるモニュメントヴァレーのメサとビュートは、かつては連なっていた岩山の唯一残された姿だ。堆積岩層は凍結と落石によって砕け、砂漠の細流によって侵食されていった。

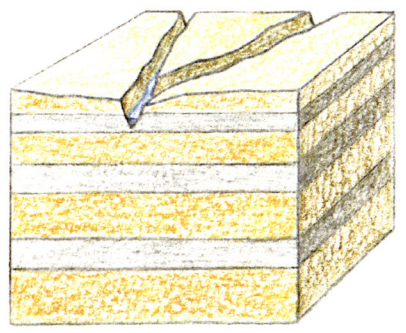

堆積層の形成 Sediments laid down
河川に運ばれた土砂が、徐々に層を成して広い河口域や湖底あるいは海底に積もる。堆積層は固まって大きく水平な岩石層となり、やがて地表に露出すると風化作用や流水の侵食作用を受ける。

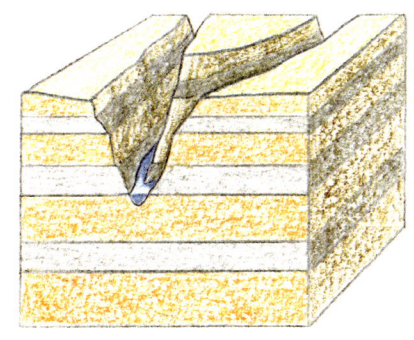

侵食 Erosion
水系が発達すると、流水が岩石層を刻んで谷をうがち、徐々に岩片を運んでいく。凍結によって岩石風化は進み、落石が生じて岩片は下方の谷へと断崖を転がり落ちる。

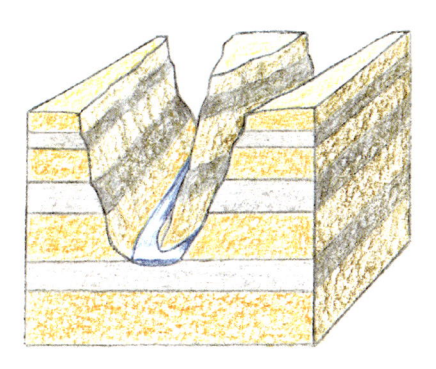

後退 Retreat
降水のほとんどない乾燥地域では、岩体の頂部は侵食の影響をほとんど受けない。しかし、垂直に近いほど切り立った岩壁は風化と落石の影響を受け続け、谷底を流れる水に侵食されてゆっくりと後退する。

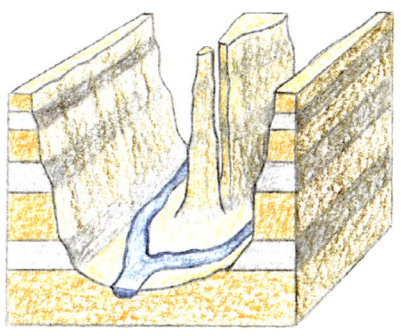

岩の島 Islands of rock
島状あるいは小さな塔状に残った岩体は、メサあるいはビュートとして知られる。しかしこれらの岩体も、やがてまわりの地形と同様に風化と落石によって削り取られ、岩片は流水に運ばれていく。

大きく傾斜した山稜
Large, Angled Ridges

ランドル山の削剝
Rundle strip
カナダのアルバータ州ランドル山は、地層が山型に屈曲し、その後長い間の侵食作用で削られたことにより、特徴的な「ホッグバック」型の地形となった。

　高い山の尾根では、一方の斜面が断崖と呼ばれる急傾斜を、もう一方が比較的緩やかな斜面を成していることがある。このような尾根は前述（p.50参照）の山の形状と似てはいるが、その形成過程は異なっている。ここでも地殻変動によって地層にひずみが生じたのは同じだが、その後、むき出しになったやわらかい堆積層が少しずつ侵食され、現在見られる印象的な尾根の姿が形づくられた。

褶曲 Folding
水平に積もった堆積岩層は、プレート運動による圧縮を受けて徐々に押し上げられ、大きくうねる。

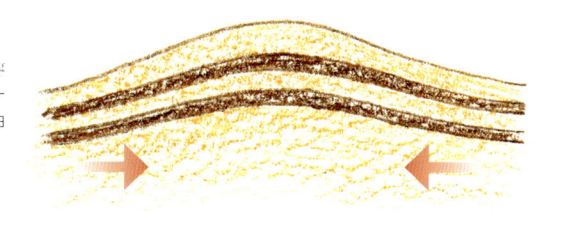

雨水と氷が亀裂を大きくする

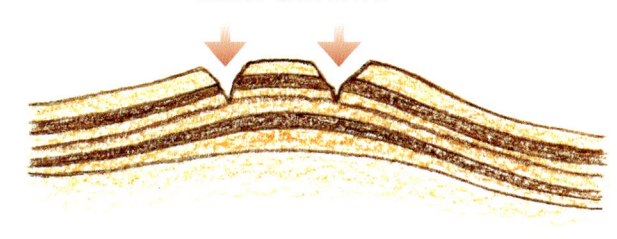

侵食 Erosion
すぐに侵食作用が始まる。屈曲に伴って縦方向にできた地層の亀裂に流水が入り、地層が刻まれていく。

水の力 Water
地層にできた割れ目は徐々に大きくなり、岩石は風化する。岩屑が水に流されることによって地層はさらに刻まれていく。

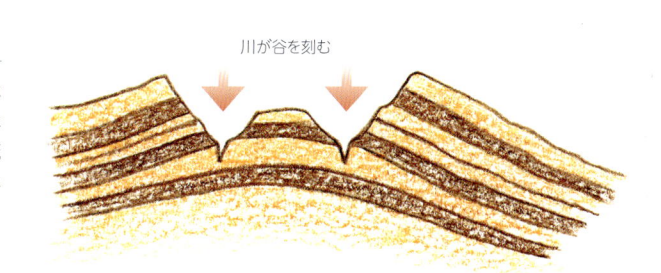

川が谷を刻む

露出した堆積層

川が岩盤を刻んで流れる

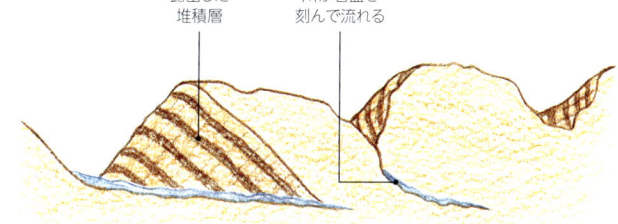

尾根の形成 Ridge takes shape
水流は尾根を横切って走り、ホッグバックと呼ばれる地形にV字谷を刻む。こうして特徴的な「フラットアイアン（アイロンを立てたような三角）」形の地形が生まれる。

ランドスケープを読み解く

平頂な岩山 *Large Flat-topped Rocks*

　頂部が平坦な大きな岩山は、長い間の侵食作用で周縁部が削り取られ、残された岩の硬層部分が島状にそびえ立ったものだ。メサとも呼ばれる(p.56参照)この地形は、乾燥した地域によく認められる。このような岩山の平頂部では、侵食に強い岩石層(多くはかたく固結度の高い堆積岩から成る)が帽子のように覆いとなり、下にある軟層部分を保護している。ビュートと呼ばれる小さめの尖峰も同じようにして形成される。

卓状岩
Table top
カナリア諸島ゴメラ島のガラホナイ山。周囲の山体が削られる中、侵食されにくい火山岩部分が後に残された。

岩石の硬層部分

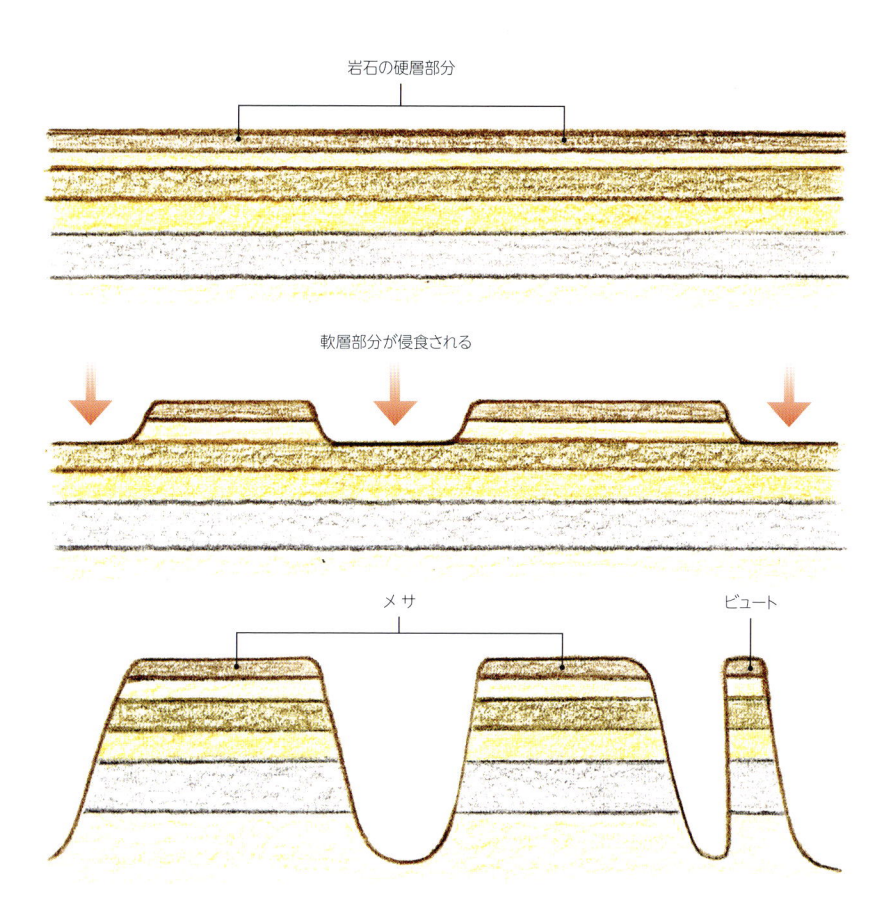

軟層部分が侵食される

メサ

ビュート

平頂な岩山の形成
Formation of flat-topped rocks

長年にわたって堆積物が積もり、下から上へと折り重なって層をつくる。こうしてできた堆積層では、部分的に他よりもかたく侵食されにくい岩石が分布している。これらは、岩石形成に影響をおよぼすさまざまな要因（たとえば造岩鉱物、化学反応、岩石の形成過程に受けた強大な圧力など）によって生じたものだ。地層が露出すると、水や風が軟層部分に入り込んで侵食し、硬層の帽子で覆われた部分を残して地層を削っていく。やがて台のように平坦な頂部をもつ岩石層が現れる。このような地形の形成途中に褶曲作用を受けた場合、岩石層が傾斜していることもある。

活火山 *Active Volcanoes*

活火山が展開する景観は、一見したところ他とは異質で不穏な様相を呈している。これはおそらく私たちの足下で今現在も作用し、地球を形づくっているとてつもない営力が垣間見られるからだろう。多くの活火山は移動するプレート境界付近に位置している。火山噴出物から成る円錐型やドーム型の地形、山頂の火口、溶岩流や火山灰の放出などを特徴とする活火山だが、その形状は形成された過程や火山体を構成する物質によっても異なる。活火山の中には、米国ワシントン州のセントヘレンズ山のように大噴火を起こすものもある。

エトナ山の不穏
Eerie Etna
地中海シチリア島エトナ山の暗く陰鬱な山腹は、火口から噴出した火山灰と溶岩流の層から成っている。エトナ山は活火山としてはヨーロッパ最高峰である。

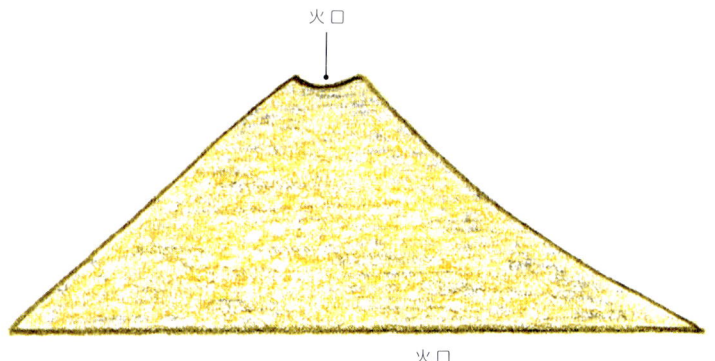

火口

複合円錐火山
Composite volcano

規模が大きく側面は急傾斜を成し、左右均整の取れた形状をもつ火山体。エトナ山や日本の富士山などに代表される。交互に噴出した溶岩、火山灰および岩屑が互層を成して山腹を形成している。

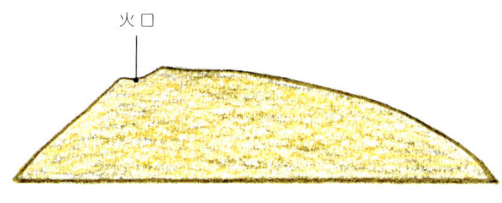

火口

噴石丘 Cinder cone
噴石丘は、火山灰、噴石、その他の目の粗い火山砕屑物が噴出して火口まわりに地形の高まりをつくったものだ。火口から流れ出た溶岩が噴石丘の底まわりにたまることもある。

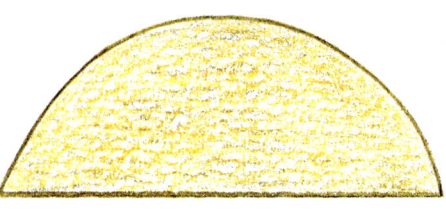

溶岩円頂丘 Lava dome
粘性が非常に高くガス状物質がきわめて少ない溶岩は、ほとんど流れることなく火口付近でドーム状を成して急速に固まる。このような溶岩流はやがて溶岩円頂丘や岩栓状の丘をつくり上げる。

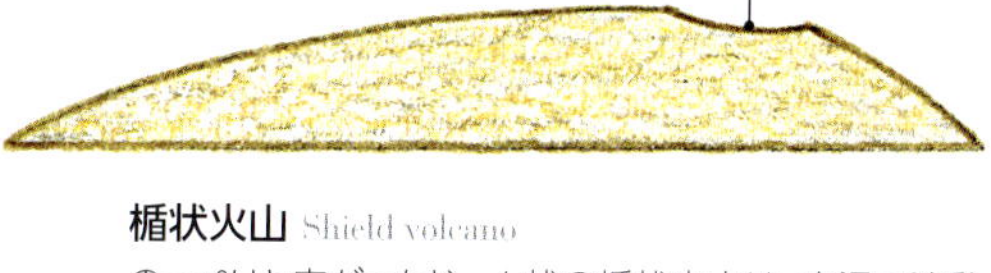

火口またはカルデラ

楯状火山 Shield volcano
のっぺりと広がったドーム状の楯状火山は、高温で流動性の高い溶岩が噴出し、広範囲に流れて形成されたものだ。米国ハワイ島のマウナロア山に代表される楯状火山の中には、数百平方kmにわたる火山体もある。

ランドスケープを読み解く

火口 *Craters*

　過去の火山活動を示す明らかな痕跡が、連なる山々や丘陵地形として目に見える形で残る場合がある。またその中には頂上に火口を残しているものもある。このような山や火口は、火山物質が地中の火道を通って噴出したことによって形成され、その後火山活動が頻繁に起きずに風化・侵食作用を受けた地形だ。これらは（少なくとも地質学的には）比較的新しく、地形を完全に削り取るほどの長期にわたる侵食を受けるにはいたっていない。

消耗した力
Spent forces

フランス中央山地（マシフサントラル）のピュイ連山。活動を終えた火山群が、墳石丘、溶岩円頂丘あるいはマール（液体マグマが地下水と接触して爆発が起きた際にできる大きな火口）などの形状で残ったもので、最後の噴火は6000年前にさかのぼる。

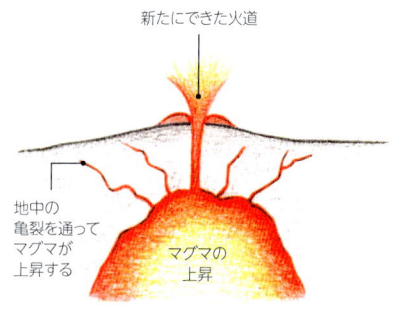

マグマの上昇 Rising magma

マグマが地表にわき上がって地面に大きな膨らみができる。亀裂が生じ、マグマは中心火道または火山体側面に開いた多数の噴出孔から地表へと噴出する。

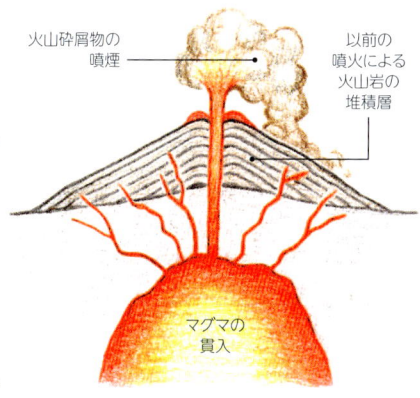

噴火 Eruption

活動中の火山では、噴火によって水、火山ガス、溶岩、火山灰、火山礫などさまざまな物質が噴出する。これらの噴出物が火山体の側面に積もって地形の高まりをつくる。

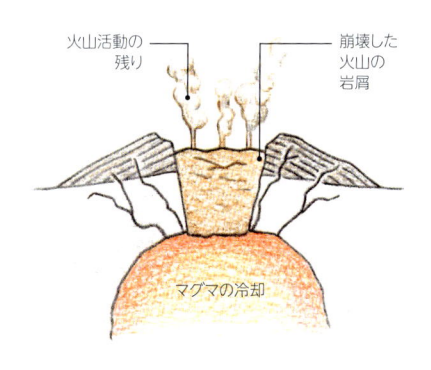

活動の停滞 Reduced activity

火山活動が低下すると、火山体のドーム状の部分と中心火道部が侵食されて火口が大きくなる。火口の周縁が陥没し、大規模な火口またはカルデラができる。

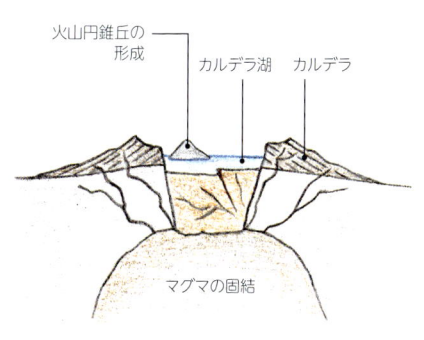

陥没と侵食 Decay and erosion

長期にわたる侵食作用によってカルデラはさらに大きくなり、多くは底に水をたたえる。火山活動が続くと、カルデラ内に小さな火山円錐丘が新たに形成されることもある。

岩頸 (がんけい) *Rock Towers*

　地中からわき上がったマグマの柱は、火山体の核となる「頸部(けいぶ)」を形成する。こうして数百万年前にまわりの堆積岩や変成岩を突き破って貫入したマグマが、周囲よりもかたい岩体となって後に残ることがある。これまで見てきたように、まわりの岩石層は自然の営力によって削剥され始める。一方で固まったマグマは最後まで残り、その結果、侵食に対する耐性がはるかに強い地形ができ上がる。

悪魔の塔
Devils Tower
米国ワイオミング州の火成岩でできた塔、デビルズタワーは周囲の堆積岩からはるかに高くそびえ立っている。この地形の正確な成り立ちについては地質学者の間で諸説あるが、最近の見解では、巨大な火山体の火道内に生じたマグマから形成されたといわれている。

火口が
侵食されて
沈降する

冷却したマグマが
ゆっくりと花崗岩になる

火山体の中で
マグマがゆっくりと
冷却・固結する

火山体の側面が侵食される

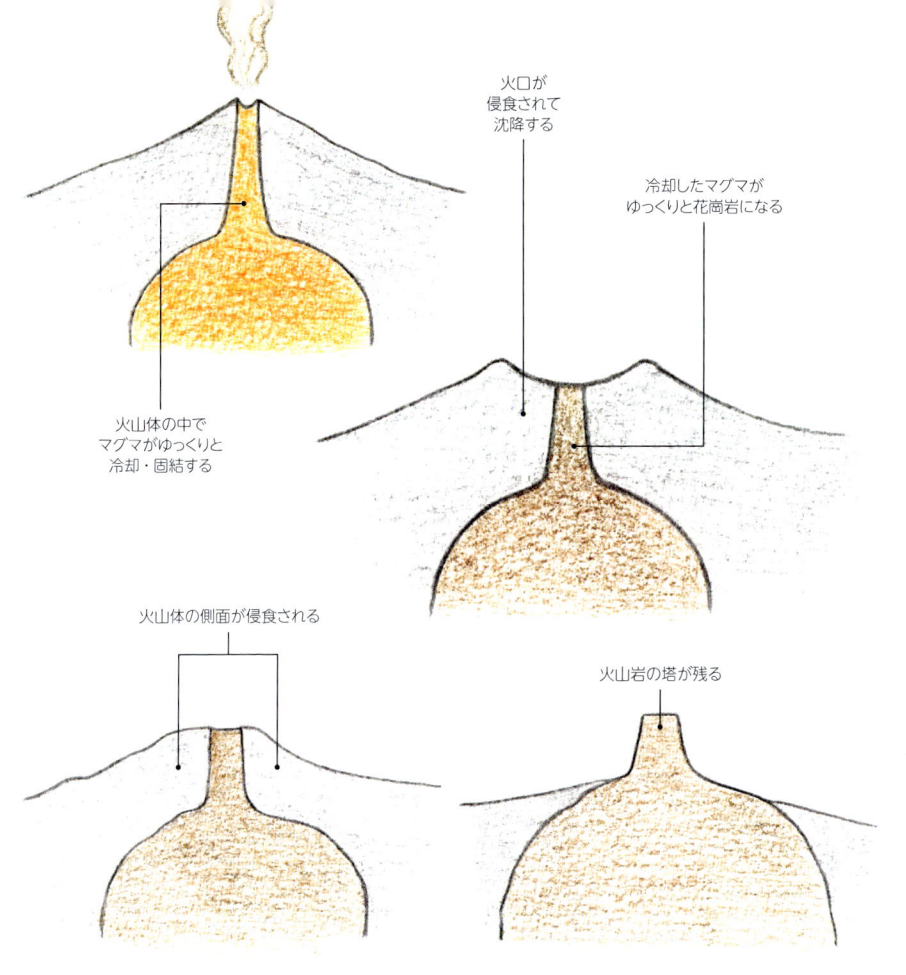

火山岩の塔が残る

火山塔の形成 Formation of a volcanic tower

火山が活動を停止すると、その原動力だったマグマの柱あるいはマグマだまりは地下でゆっくりと固まり、周囲の堆積岩や変成岩より硬度の高い物質となる。火山体に積もった火山灰や火山礫などは、降雨や氷河に侵食され洗い流される。

一方、他よりかたい火山岩は侵食されずに残り、まわりの地形から突出してそびえ立つ露頭となる。その後、雨や氷や霜による侵食が進み、氷河に削られて現在見られる岩の塔となった。

ランドスケープを読み解く **67**

溶岩 *Lava*

　火山の噴火によってさまざまな種類の溶岩流が放出される。溶岩流は放出直後には容易に見分けられるが、やがて多くは侵食され、ほとんどは暗色の火成岩となる。溶岩が残した地形の中でももっとも顕著なのは、世界各地で見られる玄武岩の柱状節理だろう。この他にも、溶岩流が広範囲に広がってできた暗色の細粒岩や、まわりの岩石に貫入してできた岩脈、さらにまれではあるが、水中で形成され丸みを帯びた枕 上 溶岩などがある。

柱状節理
Lava colums
溶岩が非常にゆっくりと冷却された結果、等間隔で割れ目が生じてできた玄武岩の柱。このような柱状節理の多くは、北アイルランドのジャイアンツコーズウェイやスコットランドのスタファ島など、むき出しの断崖や海岸線沿いに認められる。

流出したばかりの溶岩流
Fresh lava flow

流動性の高い玄武岩質溶岩は、溶岩流の形状によって、表面がなめらかで縄状構造のパホイホイ溶岩と、表面が粗くとげとげしたアア溶岩の2つに大別される。安山岩質溶岩は粘性に富み、表面がブロック状の塊状溶岩となる。

連結した溶岩 Consolidated lava

溶岩流の中には古い岩石に貫入し、まわりとともに固まるものがある。それがシル（貫入岩床）や柱状節理という形態となり、侵食作用によって地表に現れる。

溶岩の岩脈 Lava dykes

溶岩が地中の亀裂を通って上昇したところで、鉛直の線状または管状に固まることがある。周囲のやわらかい岩石が侵食されてなくなると、これらの岩脈が露出する。

ランドスケープを読み解く **69**

トア（岩塔） *Tors*

トア（岩塔）は魅惑的な地形として長い間人々の想像力をかき立ててきた。不規則な形状と人の姿を思わせる外形から、このような岩塔がつくる奇観の起源をめぐって各地で多くの伝説が語られた。実際の成因は複雑で、やはり謎めいており、正確な成り立ちについては今なお地質学者の間でさまざまな論が展開されている。トアの多くは花崗岩などの火成岩か侵食されにくい変成岩から成り、温帯地方、周氷河地域および亜熱帯地域で見られる。

トアの起源
Tor origins

ダートムーアに見られる花崗岩質のトアは、およそ2億8000万年前の石炭紀に起こった地下の火成岩貫入に源を発する。一説によると、岩石が地中に埋まっていた当時は熱帯条件下で化学的風化が進み、後に地表に露出したときには周氷河気候にさらされ、土壌の流動によって岩石が分散したとされる。

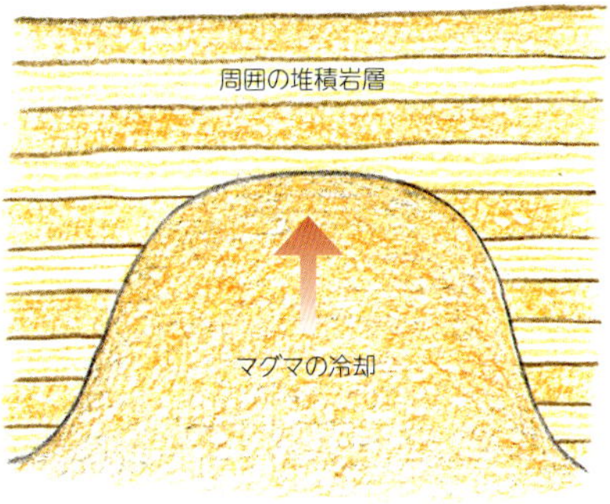

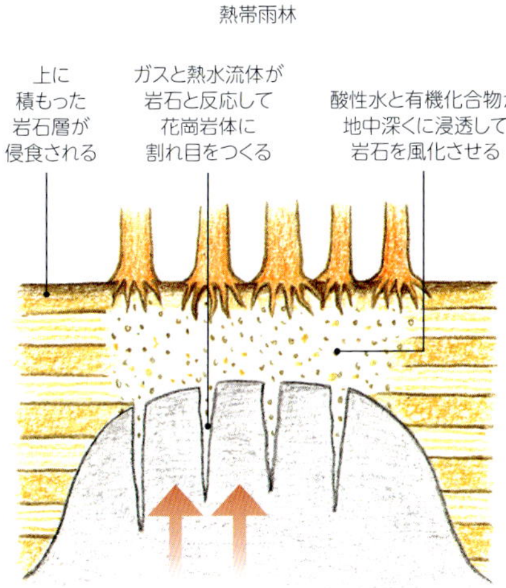

マグマの貫入 Magma intrusion
数百万年前に地下深部で液体マグマが貫入して岩体ができる。やがて冷却に伴い、岩体内部に閉じ込められた揮発性ガスと化学物質が、亀裂に沿って内側から岩を侵食する。

岩が割れる Breaking up
一説では、上に重なった岩石と土壌が侵食作用で削られたため、熱帯雨林の酸性水と有機化合物が岩体にしみ込んで風化させたとされる。

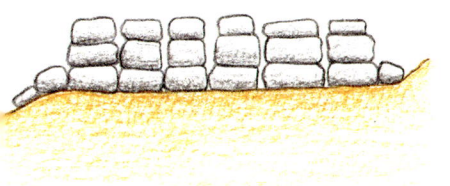

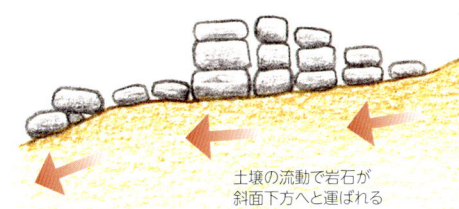

寒冷な気候 Cold climate
もう一説によると、寒冷な気候では地下の凍結粉砕作用で岩体が風化し、地表に露出した後にはさらに雨や霜や氷の影響で風化が進んでバラバラになり始めたとされる。

岩石の積み重なり Clitter and boulders
地表に露出した岩石はさらにはげしく侵食され、亀裂が生じる。周氷河地域では、小さくもろくなった岩石は土壌の流動によって斜面下方へと運ばれ、巨礫や石が散在する現在の景観ができた。

岩頭と岩尾根 *Rock Crags & Ridges*

　高地では、ごつごつした露頭が山の尾根や崖あるいは険しい岸壁にむき出しになっている光景が見られる。これらも周囲よりはるかにかたい岩石から成るために侵食の進行が遅く、やがて現在見られる突出した岩の地形として残ったものだ。このような尾根には、流動性に富んだマグマがまわりの地層に平行した亀裂の中に流れ込み、固まってできたものもあれば、たとえばミルストングリットなどの砂岩のように非常に高い圧力下で形成され、固結してよりかたく侵食されにくい岩石となったものもある。

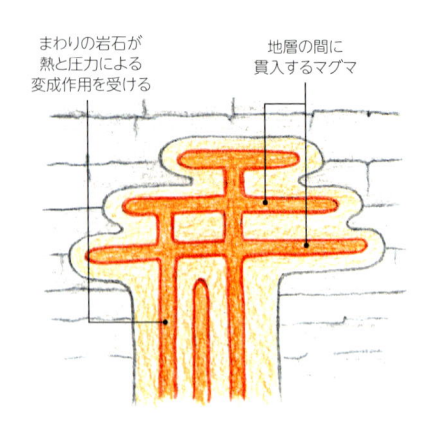

岩石の変性 Transforming surrounding rock
液体マグマがわき上がって上下の地層面に広く接触すると、熱と圧力によって周囲の岩石が変成作用を受け、その後冷却する。

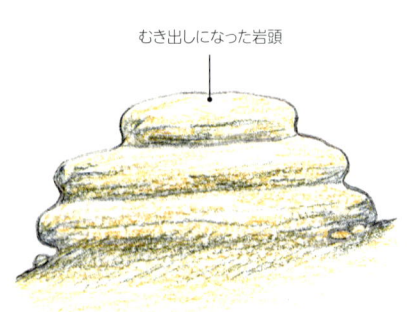

岩の露出 Exposure of crag
侵食作用によって上部の地面は徐々に削られる。周囲の弱い岩石層は自然の営力にさらされて風化し、雨や風や氷の作用でさらに侵食が進んでシル(貫入岩床)が現れる。

シルの頂 Sill on top

シルには構造的に重要な役割を果たすものもある。北イングランドに広く分布するウィンシルという岩石がその代表で、ローマ人がハドリアヌスの長城を建設した際に利用したとされる。ウィンシルは火山岩がまわりの堆積岩層に貫入し、それが変質してできた独特の形態をもつ。

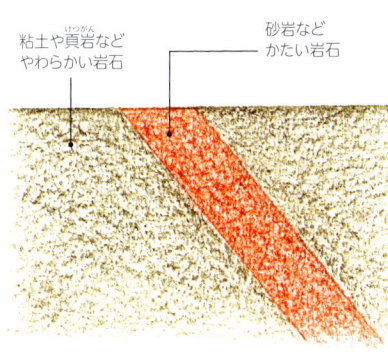

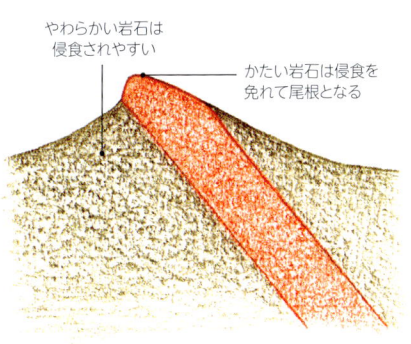

粘土や頁岩(けつがん)などやわらかい岩石

砂岩などかたい岩石

やわらかい岩石は侵食されやすい

かたい岩石は侵食を免れて尾根となる

堆積作用 Sedimentation

岩片が河口や湖や海岸線に堆積する。下から上へと層が積み重なっていくと、圧密によって他よりも固結度が高くかたい層ができる。

露 頭 Outcrop

やがて地殻変動によって地面はもち上がり、地層が圧縮されて屈曲が生じる。周囲は削り取られるが、固結度が高くかたい部分は侵食の進みが遅く、やがて砂岩の露頭が現れる。

ランドスケープを読み解く 73

風化した岩肌 *Loose Rock Faces*

　山や丘の急斜面がもろくなった岩片で覆われていることがある。この岩片は、上部のかたい岩石が太陽、雨、霜、氷の作用で風化し、やがて砕けたものだ。こうして岩盤地すべりや岩石崩壊が生じ、岩屑は重力によって斜面下方に運ばれる。落下した岩屑が山腹斜面に堆積していることがあるが、がれ場または崖錐（がいすい）と呼ばれるこの地形は、岩石が厳しい風化・侵食作用を受ける標高の高い場所に生じやすい。また、岩海として知られる岩屑のごろごろした平坦な地形は、周氷河地域の凍上作用で地中の石が地表に押し上げられてできたものだ。

ワストウォーターの崖錐 Wastwater screes　イングランド北部、湖水地方のワストウォーターに見られる絶景。凍結の作用によって山上の岩場から砕け落ちた岩片が大きく弧を描いた斜面に堆積している。

図中ラベル（左上図）:
- 流水や凍結によって岩石に割れ目ができる
- 高地では直射日光によって岩石の表面温度は上昇し、夜間には急冷される

岩石の風化 Rock breaks down
標高の高い場所に露出した岩石は絶えずはげしい温度差の影響を受け、体積の膨張と収縮を繰り返す。さらに水、雪、氷、霜などの作用で岩石に割れ目ができる。

図中ラベル（右上図）:
- 傾斜した堆積層
- 岩盤地すべり
- 風化した岩石が重力によって斜面を下る

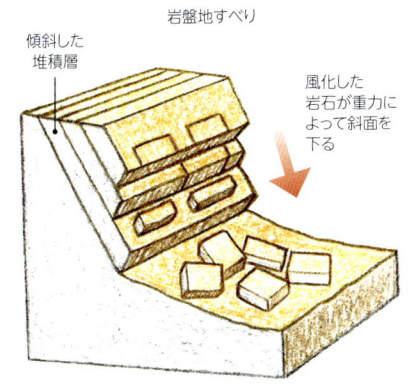

岩石の落下 Rock falls
堆積層の組成や堆積した角度も岩のはがれ方に影響を与える。時には大きな岩片が堆積層の傾斜面に沿ってはがれ、岩盤地すべりを引き起こす。

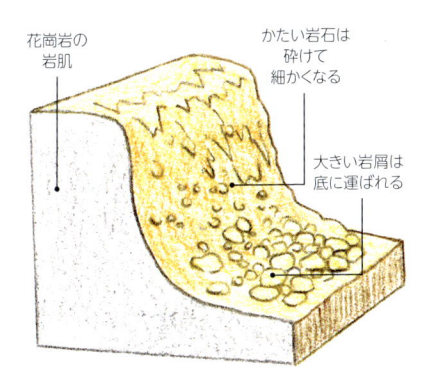

図中ラベル（左下図）:
- 花崗岩の岩肌
- かたい岩石は砕けて細かくなる
- 大きい岩屑は底に運ばれる

岩屑の堆積 Debris collects
侵食されにくい岩石は小さな岩片に砕け、斜面を転げ落ちて崖錐をつくる。大きく重い岩屑は斜面の底まで運ばれる。

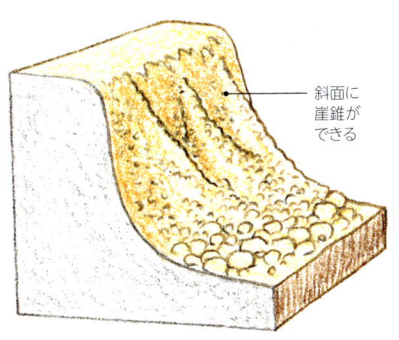

図中ラベル（右下図）:
- 斜面に崖錐ができる

崖錐の形成 Scree slope forms
やがて傾斜面に崖錐ができ、岩盤は侵食されにくくなる。植生をもたない地形は、頻繁な落石による衝撃で植物の根が成長できない状況を示す。

丘陵斜面の段丘 *Hillside Terraces*

　丘の斜面にできた「段丘」とも呼ばれる段差は、土壌が目に見えないほどきわめて緩慢に斜面を這い下る土壌クリープという動きの現れだ。この土壌の動きが、斜面のひだや起伏などの地形となって現れる場合もある。丘陵斜面では、土壌や風化した岩石は重力の影響を受けるとともに、水分、霜、氷の作用によって常に坂を這い下っている。高地など凍結の影響を受けやすい湿潤な気候で、土壌に覆われた急傾斜の丘陵斜面に段丘が多く見られるのはこのためである。

段 丘 Terracettes
土壌クリープの作用でできた丘陵斜面の段丘。このようにうねのある地形がもっとも顕著に見られるのは、急斜面の放牧草地だ。羊などの家畜が自然の作用でできた段丘を利用して丘を越え、動物の体重で大地が押されることで段差はさらに著しくなる。

湿潤と凍結
Moisture and frost

土壌クリープが起こるには、湿潤や凍結などいくつかの要因がある。粘土の粒子を含んだ土壌は雨水を吸収し、やがて水分を放出して乾燥する。その際、粒子が膨張と収縮を重ねることで土壌はわずかに下方に動く。凍結も雨水と同様の作用をもつ。寒冷になりがちな高地では、凍結の際に土壌の粒子は膨張し、凍上と呼ばれる作用でもち上げられる。土壌が融けると元の位置に戻りながら斜面をわずかに下る。

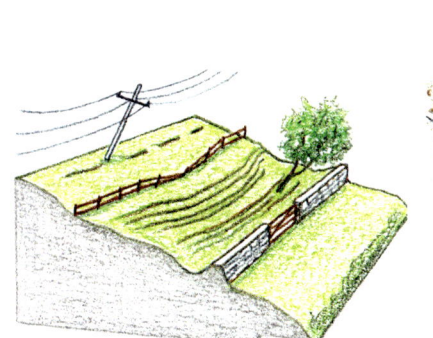

（図中ラベル）
- 土壌の粒子が膨張する
- 土壌の粒子が収縮し、重力によってわずかに坂を下る
- 基盤
- 膨張と収縮を繰り返しながら土壌の粒子は坂を下る
- 土壌

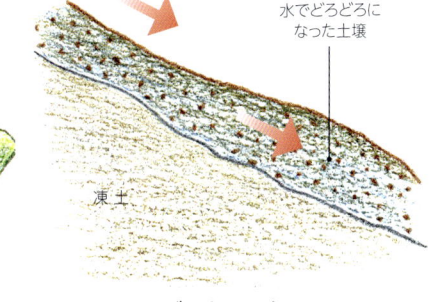

段丘 Terracettes

土壌が下方へ動くことによって地表に亀裂ができる。植生の分布が浅い場合、植物はかたい岩石または下層土に根を張る。こうして植物が表土を押さえようとしてうねができ、それが放牧された動物の重みで固められる。木の幹や人工の構造物（支柱やフェンスなど）が下向きに傾いたり、壁に膨らみができたりするのも土壌クリープの産物であり、そこでは這い下る土壌に対して反対に押す力がはたらいている。

ソリフラクションとジェリフラクション
Solifluction and gelifluction

周氷河地域や寒冷な高地では、土壌の下層部分がかたく凍りつくことがある。この場合、上層部があたたまって融解しても、融けた水は下に浸透できない。こうして液体状になった表層の地面は、下層のかたい土壌や岩盤から離れて斜面をずるずると流れ落ち、舌状の微地形や段丘をつくる。この現象は土壌クリープよりもわずかに早い動きで、ソリフラクションと呼ばれる。同様の作用で、下層の土壌が年中凍っている永久凍土の表層部で起きる場合はジェリフラクションと呼ばれる。

（図中ラベル）
- 水でどろどろになった土壌
- 凍土

土壌と岩盤の滑落 *Earth & Rock Scars*

　土壌クリープが生み出す段丘などよりもはるかに大きな痕跡が見られるのは、地すべりによって丘陵斜面の土壌や岩盤に生じる滑落崖だ。この現象は土壌クリープの動きよりもずっと速い。豪雨あるいは山腹上部で氷が融けた結果、大量の水が急激に流れ落ちて土壌構造がゆるくなり、重さを増した地盤が斜面下方に運ばれる。風化した岩石も突然転げ落ちることから岩盤地すべりや崩壊が起きる。このような土壌や岩盤の動きは広範囲にわたる丘陵斜面に影響を与え、やがて地面を削っていく。

滑落崖
Gone with the flow
土壌に水がしみ込んで生じた泥流が、丘陵斜面に残した紛れもない痕跡。植物や小さな岩石は土砂となって斜面を流れ落ちた。

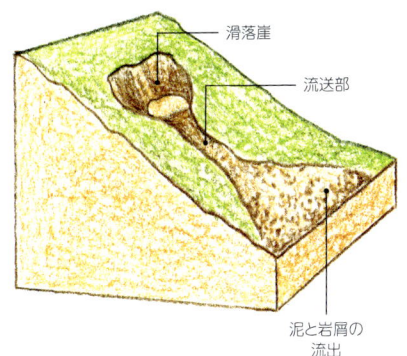

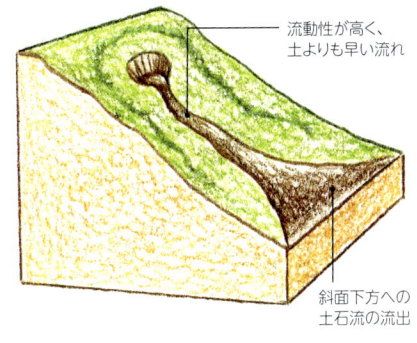

図中ラベル:
- 滑落崖
- 流送部
- 泥と岩屑の流出
- 流動性が高く、土よりも早い流れ
- 斜面下方への土石流の流出

土と泥の流れ Earth and mud flows

ソリフラクションという現象では、地面は土壌クリープよりも速く動くことを見てきた。粘土質の斜面の土壌に水がしみ込むと、どろどろした半流動体となって流れる。土壌は斜面を流下し、流送部や盛り上がった微地形（舌状堆積体と呼ばれる）をつくる。水を多く含んだ泥流ほど流れは速く、泥水の流れた後には泥と細かい岩屑が細長く残る。

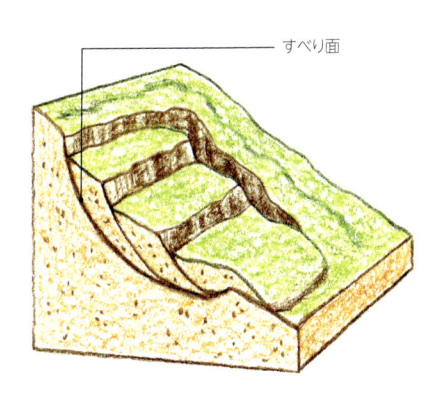

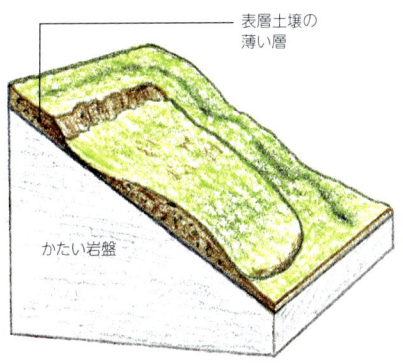

図中ラベル:
- すべり面
- 表層土壌の薄い層
- かたい岩盤

地すべりと表層すべり Landslides and slips

岩石と土壌の大きな塊が急激に斜面を滑落する現象。回転型地すべりのように地盤の深層部まで掘り下げる地すべりでは、大きな土塊や岩塊が原形を保ちながらすべり面に沿って深く滑動する。ブロックすべりとも呼ばれる表層すべりは、土壌の表層部が下の岩盤から離れて斜面下方へ滑動する現象だ。この場合、丘陵斜面には地すべりよりはるかに小規模の微地形ができる。

ランドスケープを読み解く 79

高地の河川 *Upland Rivers*

山間の川
Upland river

高地の急流は、豪雨時や、雪氷の融け水によって増水する洪水時にもっとも大きな侵食作用を発揮し、大量の土砂を運搬する。

　これまで見てきたように、多くの山地や高地の地形が生まれ形づくられた背景には水流の存在がある。水は重力の影響を受けてもっとも楽で速く流れる道筋を流下する。氷河に削られた巨大な谷も、さらに氷河そのものもまた、もとをたどれば渓流や川から生まれたものだ。川の侵食作用は流れ下る水の量と速度に左右され（したがって侵食・運搬作用の大部分は洪水時にはたらく）、さらには侵食に対する岩盤の耐性によっても変化する。

流れのままに Let it flow

蒸発散しなかった降水や氷雪の融け水などは、山腹を流れ下って一部は地面に浸透する。山頂では、こうした細流の水量は少なく流れは速い。流水が土砂を運び、さらに水と土砂が一体となって流れの底にある山地の地形を削っていく。通常はこのように岩屑が運搬されることで侵食作用がはたらく。しかし短時間に豪雨あるいは氷の融解が起きた場合、大規模な量の水が流れ落ちて大量の岩屑を運搬する。上流で地面にしみ込んだ水は、湧水つまり地下水があふれ出す場所などで地表を流れる水に合流し、細流や河川に注ぎ込む。

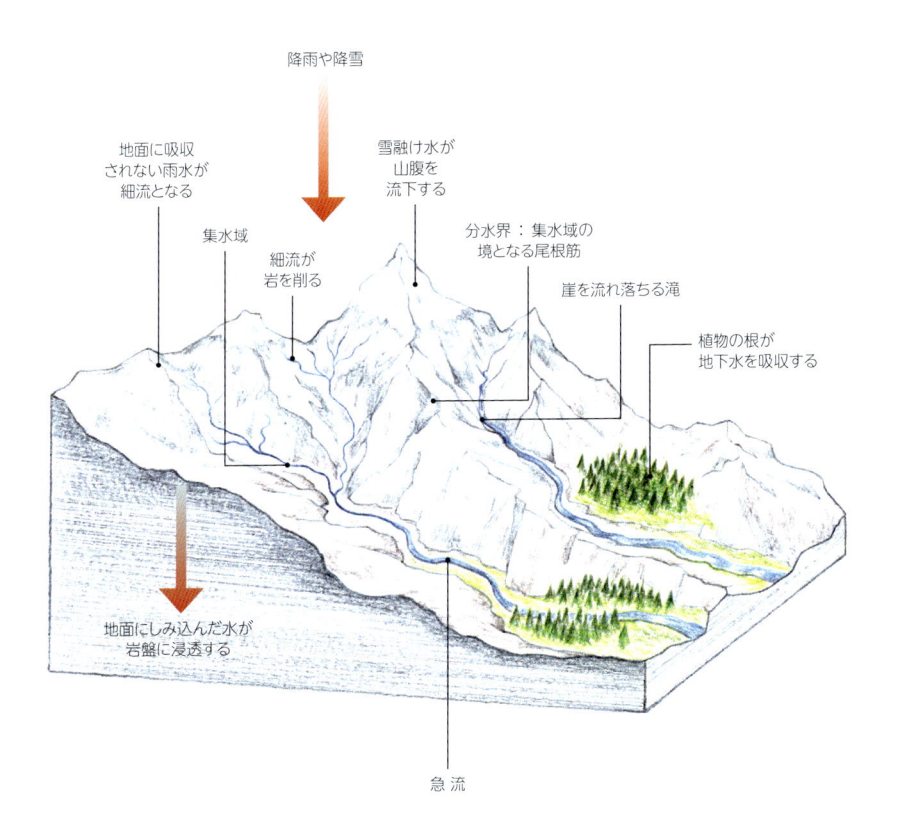

- 降雨や降雪
- 地面に吸収されない雨水が細流となる
- 集水域
- 細流が岩を削る
- 雪融け水が山腹を流下する
- 分水界：集水域の境となる尾根筋
- 崖を流れ落ちる滝
- 植物の根が地下水を吸収する
- 地面にしみ込んだ水が岩盤に浸透する
- 急流

ランドスケープを読み解く

高地の水系型 *Upland River Patterns*

湖水地方の河川
(右ページ)
Lakeland rivers
カンブリア州湖水地方の地図は、川の流路と流域の大部分がこの地域の中心部から放射状に広がっている様子を表している。これは、地下で起きた大規模な火成岩貫入によって中心部の地殻が隆起したことに起因する。

高地景観で見られる水系の型に注目すると、その地域の地形の成り立ちがよくわかる。たとえば地図上で河川の流れの分布や流路を眺めていると、川は主に自らの侵食作用で形づくった地表の起伏に沿って流れていることに気づくだろう。しかし、その道筋は地質構造や地形の歴史によっても左右される。つまり河川のたどる流路は、その地域の岩質や地形の成り立ちをひもとく鍵にもなっている。

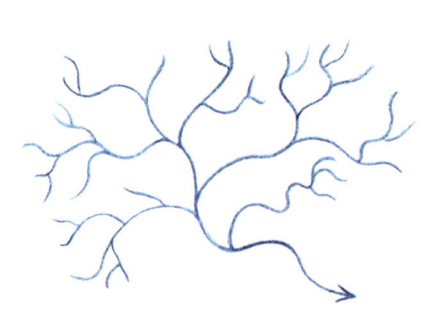

樹枝状型 Dendron
おそらくもっとも一般的な水系型。川の本流と支流が木の枝のような形状を成して互いに注ぎ込んでいる。侵食に対する岩盤の耐性が一様な地域で発達し、英国のダートムーアなどに見られる。

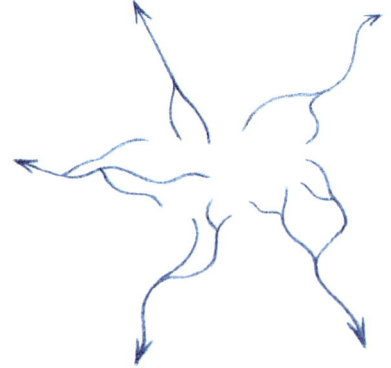

放射型 Radial
細流や河川の流路が中心部から放射状に広がる型。大地がドーム状にもち上がり、川が谷を刻んでいることを示している。英国湖水地方などに見られる。

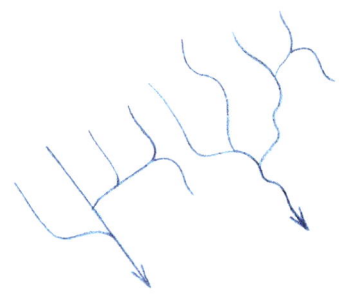

格子型 Trellis
支流が岩石の割れ目に沿って同じ角度で本流に合流する型。地層が傾斜して侵食に対する耐性の異なる岩塊が生じている場所で形成される。米国アパラチア山脈のリッジ・アンド・ヴァレー地方に見られる。

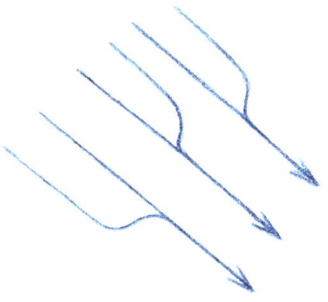

平行型 Parallel
本流と支流が平行に流れるもっとも単純な型。比較的新しく隆起した斜面や地面で、水が同じ角度で流下できるような一様な耐性をもつ場所に形成される。スコットランドのグレンフィンや、アパラチア山脈に見られる。

山間の渓流 *Mountain Streams*

　山地や丘陵の頂上付近に見られる細流は、そのほとんどがはるかに規模の大きな下流の川にわずかに注ぎ込む、ふだんは小さくて目立たない存在だ。水量は少なく、通常は大きな岩や岩屑を山腹下方に運ぶことはできない。それが一転して、豪雨時や山頂の氷河や氷雪が融ける春には、大量の水と運搬物が洪水となって急激に流れ落ち、大きな侵食作用を発揮する。

渓流
Mountain stream
英国湖水地方の渓流。細くゆっくりとした流れが丘陵斜面にV字形のガリー（雨裂）を刻んでいる。おそらく大雨が続いて水源付近に小さな地すべりが生じ、岩と土がはがされて谷頭侵食と呼ばれる現象が起こったのだろう。小さな岩石と巨礫は水流を妨げ、狭い範囲で乱流を起こして水の破壊力を分散させる。

図中ラベル（左上）:
- 水が傾斜面を流れて細流に注ぐ
- 岩石が流れを妨げる

細流の始まり Small beginnings
雨水が急傾斜の山腹を流れ出し、一部は地面に浸透して湧水となる。細く緩やかな水流は大きな岩屑を運搬できず、侵食力はほとんどない。

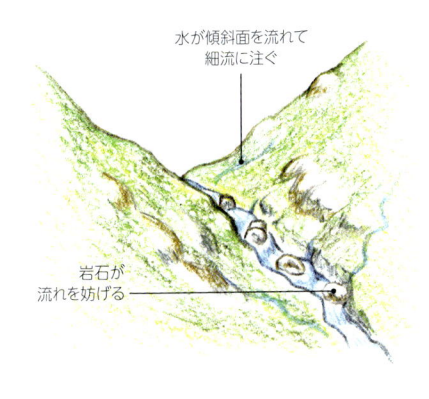

図中ラベル（右上）:
- 豪雨で流水があふれる
- 大量の水が岩石を下方へ運ぶ

流水の増加 Times of flood
豪雨の時期や、山腹で氷河や氷雪が融ける春には、急激に大量の水が地面に浸透するとともに渓流に沿って斜面を流下する。

図中ラベル（左下）:
- 侵食力が増す
- 巨礫が転がり落ちる

力の増大 Feel the force
増水によって渓流は急激に速度と破壊力を増し、大きな岩屑を急斜面の下方へ運ぶとともに、大量の岩石を削り取っていく。

下流 Downstream
谷の下方で別の渓流と合流すると、河床の幅と深さを増したより大きな川となって多くの物質を運搬できるようになる。

高地のV字谷 *V-shaped Upland Valleys*

V字形 V for valley
はっきりとV字形を描く高地の谷は、長年にわたって下へ下へと刻まれ続けてできたものだ。この下方侵食作用は主に洪水時にはたらく。

高地に見られるV字谷は、激流が大きな岩や巨礫を斜面下方に洗い流すことによって形成される。斜面のはるか下では、高地の細流や河川がもたらした岩屑が蓄積して通常は流れが遅くなり、丘陵地には蛇行した流路ができる。しかし急激な水流が起こると川のエネルギーが増して重い岩や石を運搬できるようになり、山岳地形にV字谷を刻んでいく。やがて谷は山脚と呼ばれる交互に張り出す出尾根を縫うように曲がりくねる。

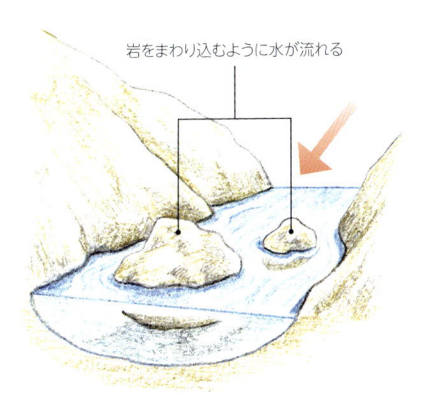

岩をまわり込むように水が流れる

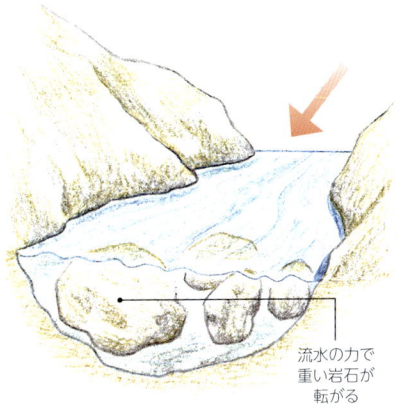

流れの減速 Slowing the flow
洪水や落石の際に渓流に沿って山腹下方に運ばれた巨礫が、川底に並んで流れを妨げ、水のエネルギーを分散させている。

流水の力で重い岩石が転がる

下刻(下方侵食)作用 Downcutting
しかし、ふたたび洪水になると水流の速度と量が増すため、巨礫や石は転がりぶつかりながら下流へと運ばれる。この作用で川底が刻まれてV字谷ができる。

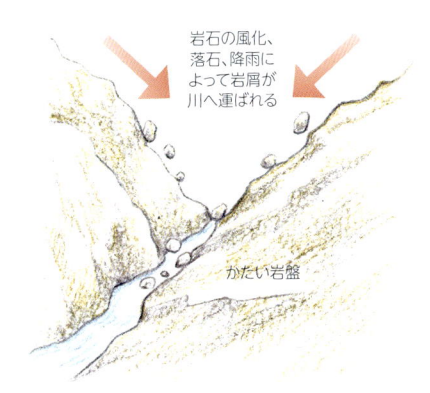

岩石の風化、落石、降雨によって岩屑が川へ運ばれる

かたい岩盤

急斜面の形成 Taking the plunge
大雨になると土や岩が転げ落ちて谷壁斜面を削り取る。岩盤が侵食には強いが透水性の石灰岩などの場合、川は谷壁をいっそう急峻に切り裂いていく。

蛇行 Winding on
川の流れと岩屑の蓄積によって、曲がりくねり流路を変えながら進む高地の蛇行地形が生まれる(p.88を参照)。川の曲流で山地は侵食され、交互に凹凸のある山脚部ができる。

ランドスケープを読み解く

高地河川の蛇行
Upland River Meanders

　河川は地表を流れながらその道筋を削ってV字谷を刻む。だが、その流路が直線であることはほとんどない。川の蛇行が始まるメカニズムは完全に解き明かされてはいないが、おそらく河川内部で自然に描かれる水流パターンに起因すると考えられる。洪水になると急流で渦を巻く水が土砂をもち上げて運搬し、平瀬と呼ばれる浅く比較的流れのゆっくりした部分と、水が速く流れ込む深い淵の部分をつくり出して徐々に規則的な湾曲を形づくっていく。

蛇行 Meanders
水の流れに伴い、岩屑はこの渓流の湾曲した内側と湾曲部間の転向点に堆積してきた。岩屑の多い場所では水深はやや浅く、岩屑との摩擦が生じるために水面は波を打つ。一方、淵の部分では、水面は波立つことも少なくなめらかだ。

平瀬　水流

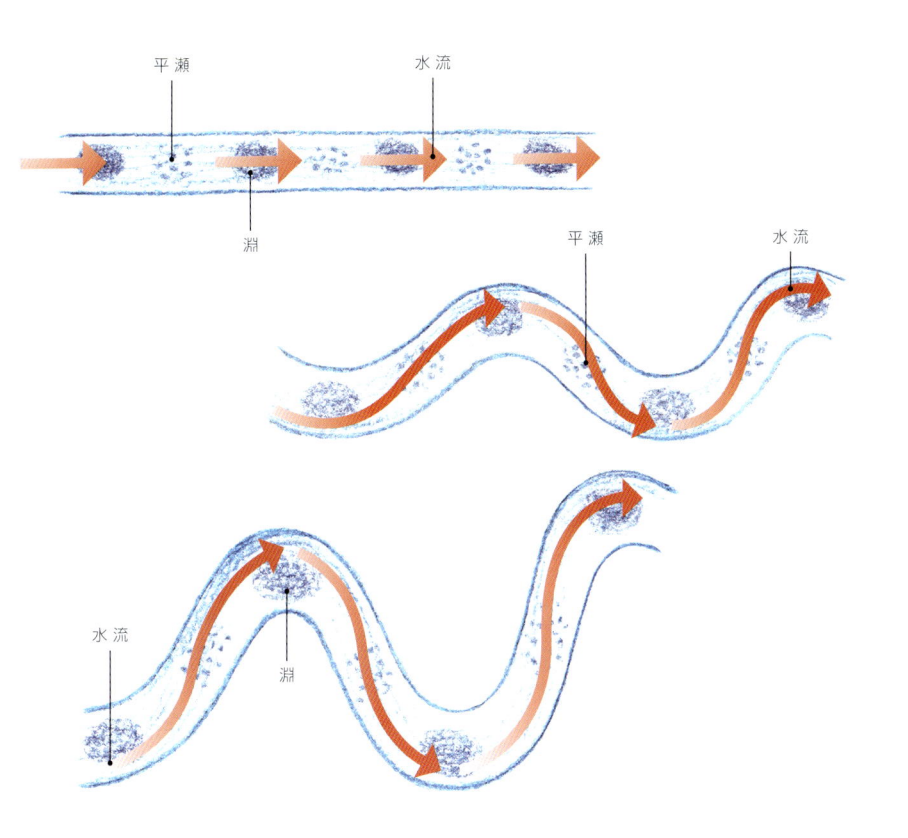

淵

平瀬　水流

水流　淵

渦を巻く水流 Spiral flow

高地の細流や河川は、比較的ゆっくりと流れる傾向にある。これは、大きな岩石や岩屑が摩擦を引き起こして水流を減速させるためだ。だが、洪水時には河川の水量が増し、より多くの重い岩屑が運ばれることで侵食作用が強くなる。水は斜面を流下するにつれて、渦巻あるいはらせんを描いて上下に左右にと回転する。この動きが次第に水深の浅く流れの遅い部分と、流れが速く侵食の進んだ深い淵の部分とが連続する地形をつくる。水流の速い場所では、徐々に現れ始めた湾曲部の外側からも岩石や堆積物をもち上げて下流へと運び、河床と土手を切り崩していく。水流がいったん遅くなり、ふたたび速くなるところでは、岩屑の多くが湾曲部の内側に堆積して新たな蛇行洲を形成する。こうした水流と岩屑のはたらきで、河川の湾曲は次第に大きくなっていく。

中洲 なかす *River Islands*

　洪水時には河川の流れが大幅に速くなり、岩、礫、砂、細粒堆積物などの大量の岩屑を運んで地形を削り取っていく。だが洪水がおさまると、これらの岩屑は運搬されずに大きく盛り上がった島となって堆積し、その一部が水流を妨げるようになる。堆積物の島のまわりには、複数の流路が生じていわゆる網状河川となる。一般的に、この現象は高地の谷床で見られることが多い。

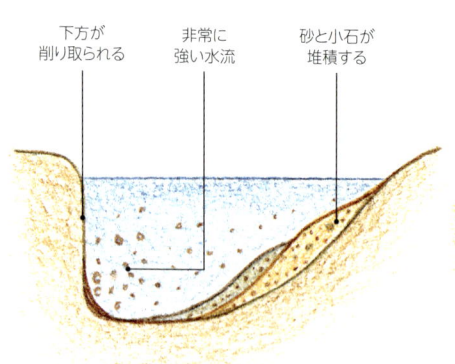

下方が削り取られる　　非常に強い水流　　砂と小石が堆積する

蛇行洲 Banks
川の蛇行ができると、中礫、礫、細粒堆積物などの岩屑が、湾曲の内側および湾曲部間の転向点に堆積して蛇行洲をつくる。

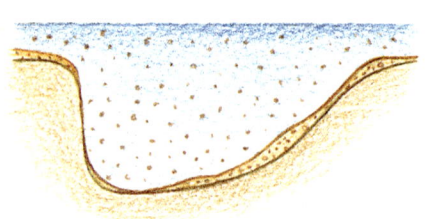

洪水 Floods
洪水時には豪雨や氷河の融け水で河川は大幅に増水し、岩屑がもち上げられて谷のあちこちに分散したり、下流に運ばれたりする。

岩屑の島
Debris island

アイスランドの河の中にできた礫の島は、雪や氷の融けた水が上流から大量に流れ込んだ際に堆積したものだ。水が引くにつれて島の脇に2本の流路が新たに生まれた。積もった礫をもち上げてさらに下流へと運ぶには、次の洪水を待たなければならない。

網状河川 Braiding

洪水時に運ばれた岩屑の量が多いと、堆積物の島が水の航路を妨げ、複数の流路を成す網状河川が生まれる。

島 Islands

洪水の水が引くにしたがって流速は弱まり、流路の中央にふたたび岩屑が堆積する。水は堆積物をまわり込んで流れるようになる。

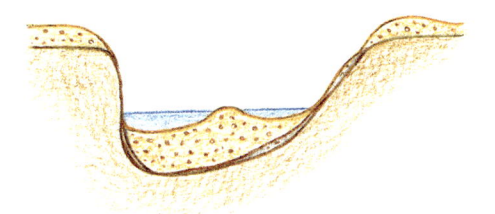

ランドスケープを読み解く 91

滝 *Waterfalls*

　滝は下方にある基盤岩の「段差」に水が落下したときに生じる。この段差は、岩盤が地殻変動で引っ張られた際に亀裂を生じて崩壊した結果できたものや、氷河が谷壁を削ってできた懸谷（p.112参照）などもある。しかしもっとも一般的には、水がかたい岩石層からやわらかい岩石層に流れ下るときに、軟岩の侵食がより早く進むことから段差が生じ、それが深くなって滝が生まれる。また、海面の下降によっても流下する水の威力が高まるため、いわゆる下方侵食の復活の作用で岩盤はさらに侵食されていく。

力強い流れ
Force flow

イングランド北部ダラム州のハイフォースの滝には、岩を刻む滝の威力が表れている。垂直方向に冷却摂理をもつ上部の地層はウィンシル（p.73参照）という硬岩層だ。一方、水平方向の層理面をもつ下部は硬度の低い堆積岩層のため、流水が岩盤を下方へ後方へと削っていった。

かたい岩石層

やわらかい岩石層

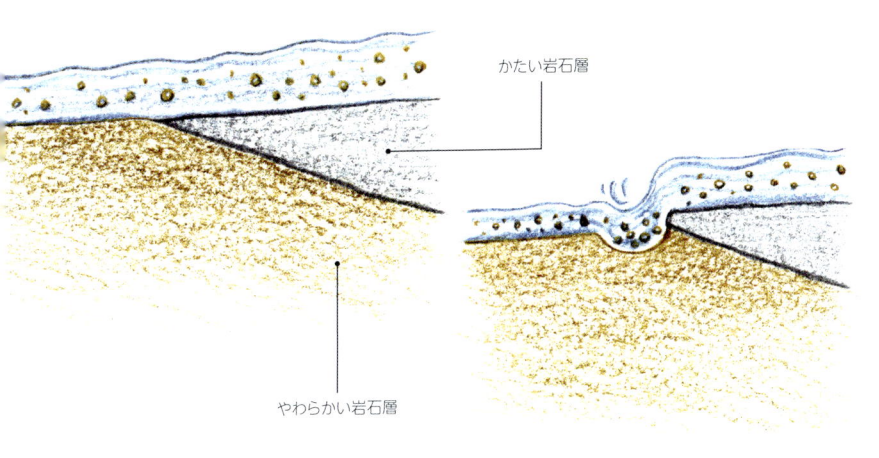

硬岩から軟岩へ Hard to soft
河川が流下するときは、さまざまな硬度の岩盤の上を流れる。かたい層からやわらかい層の境界を越える地点で、流水に運ばれる岩屑が軟岩層を侵食することで段差が生じる。

段差の落ち込み Stepping down
侵食によって軟岩層はより深く刻まれ、硬岩層との間の段差がさらに落ち込む。この部分で水は巻き上がり、段差の根元に生じたくぼみをかき出すように流れる。

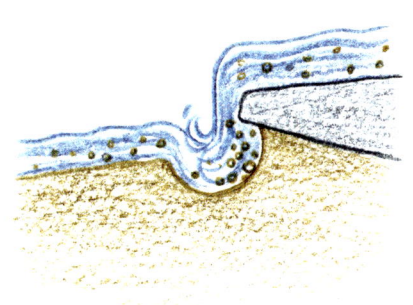

流水から滝へ Taking the plunge
滝となった流水は、滝つぼと呼ばれる大きなくぼみを刻む。岩屑は滝つぼにとらえられて回転し、軟岩層をさらに深く刻み、やがて硬岩層の下まで入り込んで奥へと侵食していく。

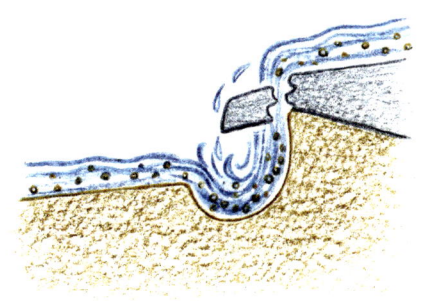

後退 Going back
こうして下部をくりぬかれた硬岩層は次第にもろくなり、砕けて川の中に落ち込む。この工程の繰り返しで滝はどんどん長くなり、上流に向かって後退する。

急流 *Rapids*

　急流では流速が大きく水が波を打って流れるのが特徴だ。したがって高い段差から一気に流れ落ちる滝とは性質が異なる。急流が生まれるのは、河床の下り勾配が段差によって大きくなる場所、流路が狭くなる場所、あるいは河床に巨礫などの障害物が並んでいる場所などだ。これらの要素はいずれも水の勢いを強めて乱流を引き起こす。水は岩石の破片を巻き上げ、障害物や河床あるいは隣接した土手に打ちつけるなどして侵食作用を増大させる。

乱流 Turbulent flow
カナダのブリティッシュコロンビア州ヨーホー国立公園の急流には、山頂部の氷河の融け水が流れ込んでいる。水流が速く、はげしい乱流が生じたために河床に段差が生まれ、小さな滝のような様相を呈している。

段差 Steps
滝と同様に、河床の岩盤が硬岩層から軟岩層へと変わる場所で、一連の段差を刻む侵食作用がはたらいてできた急流もある。この場合も水流に乱れが生じる。

狭い川幅 Narrows
侵食されにくい大きな露頭が水流の妨げとなり、流路が狭められることがある。このような場所では、狭いすき間を水が通り抜けようとしてはげしい乱流が巻き起こる。

巨礫 Boulders
かつて氷河の作用で堆積したと思われる重い巨礫が、その後も雨や洪水の力では運搬されずに水流をせき止め、乱流を引き起こすこともある。

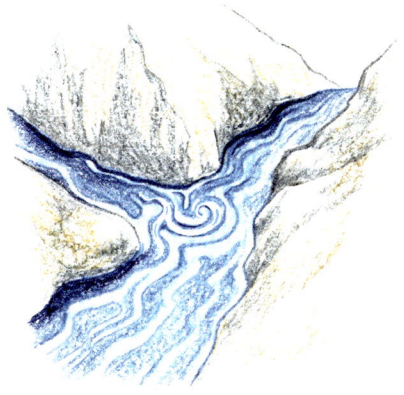

河川の合流 Where two rivers meet
とくに洪水時などに、流れの速い河川と支流とが合流する場合にも急流が生まれる。水の流れとエネルギーが強まり、侵食作用が大きくなって河床を急勾配に刻んでいく。

峡谷 *Gorges*

　幅が非常に狭く、深く切り立った急傾斜の壁をもつ谷またはキャニオンは、峡谷として知られる。この地形は流水によって岩盤が削られたもので、かたく侵食されにくい岩石層に生じることが多い。つまり、水に運ばれる岩屑がまわりの硬岩層に与えられる影響は限られているため、その侵食作用がちょうど真下および水の流れの方向に集中したというわけだ。峡谷は、洪水や滝による侵食や、地下水経路の崩壊などによって形成される。

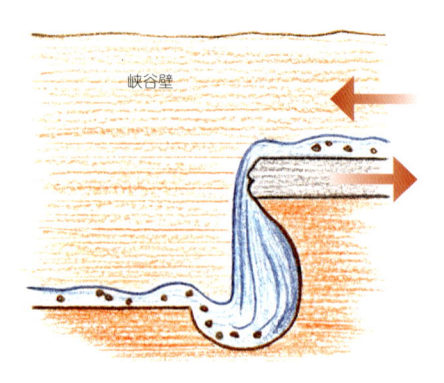

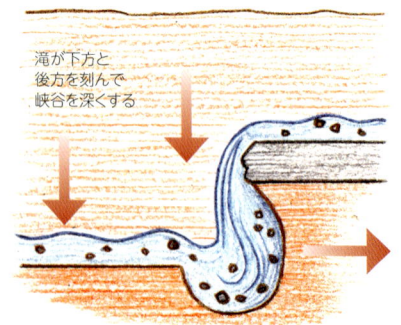

滝から峡谷へ From waterfall to gorge
これまで見てきたように、滝は一連の工程が繰り返されて形成される。水に浮遊した岩屑が岩盤を刻み、水は下へ下へと流れ落ちるとともに後方への侵食も進めていく。

乱流のエネルギーは主に水が落下する直下の滝つぼと、その後方の岩壁に対してはたらき、徐々に流路を下方へ後方へと刻んで深く切り立った峡谷をつくり出す。

キャニオンを刻む
Carved canyon

この側峡谷を流れる水は、米国の大河川コロラド川に注ぎ込む。洪水時には流速が大きく、写真よりもはるかに大量の水が峡谷をうがち、大きな岩石や岩屑を下流に運んで岩盤にその流路を刻んだ。

水が浸透して地下道を刻む

洪水で上盤が打ちつけられ崩壊する

上盤の崩壊 When the roof falls in

石灰岩のようにやわらかく透水性の岩質の場合、水が地面にしみ込み、岩石層を下から侵食して地下水の通り道をつくる。次第にもろくなった岩の上盤が崩れて岩間をあけ、峡谷ができる。

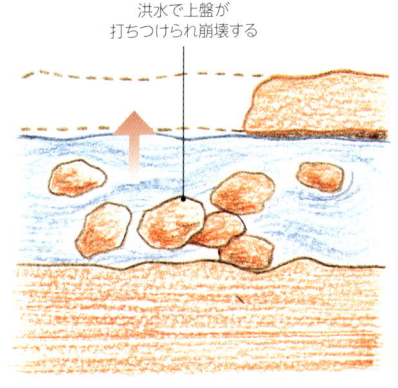

突然の洪水時には、豪雨や上流の氷雪が融けた水が大量に流れ込み、巨礫や岩屑が猛烈な勢いで流下して峡谷の岩盤がはげしく損なわれる。

甌穴 *Potholes*

甌穴とは、流れの速い高地の河川や細流、滝などに特有の地形だ。かたい岩石や運搬されないほどの巨礫に水が流れ落ちてこのような丸みを帯びたくぼみができる。あたかも人間の手によってつくられたような形状だが、こうした岩穴は水の侵食作用が大きな威力を発揮して削磨した結果生じたものだ。直径ゴルフボール大からトラックのように巨大なものまで、大小さまざまな甌穴が見られる。

水たまり Water hole
なめらかに丸みを帯びた甌穴の側面は、流水と風化した石の作用で磨かれたものだ。

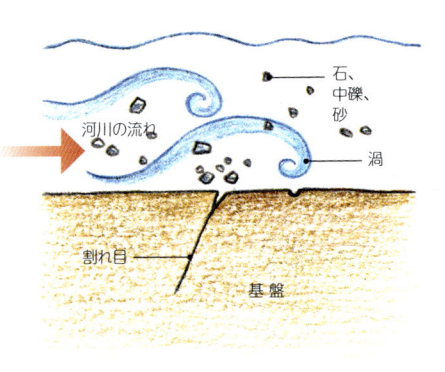

割れ目ができる Fissures
大きさの規模は異なるが、甌穴は滝つぼと同じようにつくられる。河床を流れる水の速度が増すと、岩盤の亀裂や割れ目の上で水流が渦を巻く。

(図中ラベル：河川の流れ／石、中礫、砂／渦／割れ目／基盤)

渦を巻く Eddies
こうして流水中に巻き上がった渦は、かたい岩石、中礫、石、砂を亀裂に打ちつけ、この部分の岩片をもろくして穴をあける。

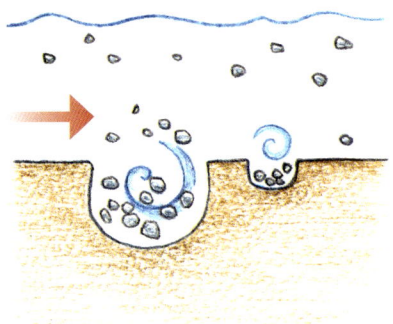

穴があく Hollowing out
小さな石と中礫は、亀裂にできた穴の中にはまる。水流が渦を巻いて穴の内部に石をこすりつける。

丸みを帯びる Rounding off
石の動きが研磨剤のはたらきをして穴をなめらかに磨き出す。こうして形成された甌穴の中に、丸い石が残っている場合も多く見られる。

ランドスケープを読み解く

扇状地 *Debris Fans*

　扇状地として知られる地形は、急斜面の山地や丘陵を抜けたところに水流で運ばれた岩屑が円錐形に積もったものだ。扇状地は主に、水流が不定期でまばらにしか起こらない高地の乾燥地域や寒冷地域に見られる。このような場所で雨あるいは氷河や氷の融け水が山を流下すると、流された岩屑が谷から平地へと移る場所に堆積する。

扇形の流れ
Fan flow
北極圏のスピッツベルゲンに見られる、シルトや礫や細粒岩屑でできた堆積地。氷河の融けた水が谷を流下して山麓の緩斜面に流れ着いたところに、運搬物すべてが堆積してこの地形ができ上がった。扇状地右側の暗色の水流は、放射状を成して複数の流路に分岐している。

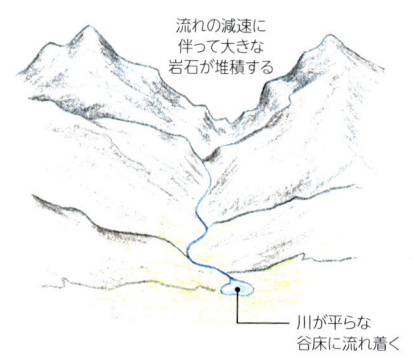

流れの減速に
伴って大きな
岩石が堆積する

川が平らな
谷床に流れ着く

流れが減速し、
土砂が積もる

重い負荷 Heavy load
水流が山の斜面から下方の谷へ岩石と土砂を運ぶ。川の勾配が緩やかになるにつれて、大きな岩石を運搬する力がなくなる。

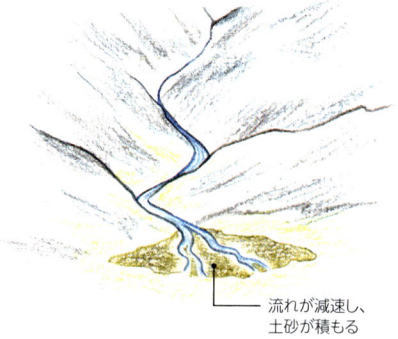

谷へと流下 Down to the valley
谷床が平坦になるところまで土砂を運ぶと、そこで水流はきわめて遅くなる。谷のふもとでは土砂が徐々に積もり始める。

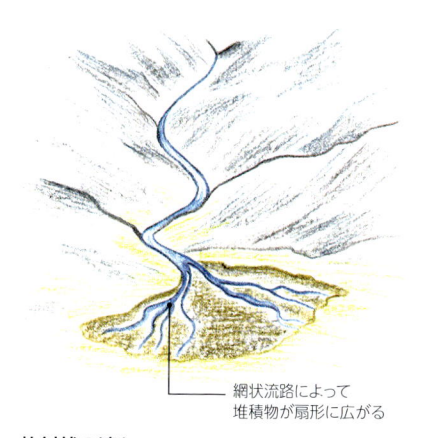

網状流路によって
堆積物が扇形に広がる

扇形の
堆積地ができる

放射状の流れ Flowing out
勾配は小さく平坦になり、水や土砂などさまざまな流れがあることから、川は谷の出口を頂点として分岐し、複数の細流が放射状を成して流れる網状流路になる。

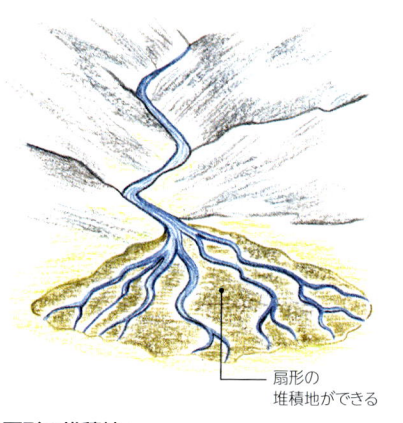

扇形の堆積地 Rounding off
水流は大きな扇状に運搬物を積もらせていく。やがて、山の上流から谷へと運ばれた細かい土砂の堆積地ができ上がる。

ランドスケープを読み解く *101*

氷食地形 *Glaciated Landscapes*

寒冷な気候を経験した地域の多くは、氷のもつ強大な営力によってその地形を削られてきた。氷河は、気温の低い時代に年々降り積もった雪が、夏の間に融けることなく万年雪となって蓄積し圧縮されることによって生まれる。雪は最初にくぼ地や谷頭に集まり、次第に集積・凝固して「塑性変形した」氷の巨大な塊をつくる。この氷塊が重力に引きずられて非常にゆっくりと山を流れ下り、山地に大きな谷を削り出す。およそ1万8000年前の最終氷期には、北ヨーロッパ、北米、南米、ニュージーランドの大部分が氷河に覆われた。

氷河の痕跡
Mark of a glacier
スイスアルプスのガルシュン谷は、幅広で平坦な谷床をもち、谷壁がU字形にせり上がった典型的な氷食谷である。

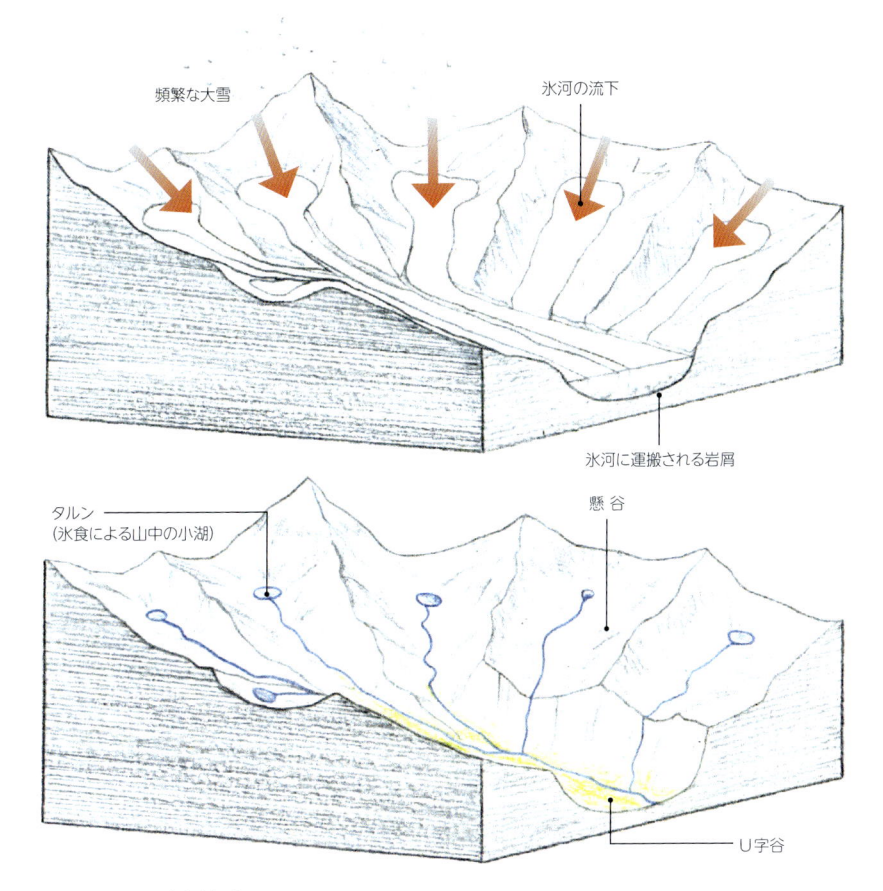

図中ラベル:
- 頻繁な大雪
- 氷河の流下
- 氷河に運搬される岩屑
- タルン（氷食による山中の小湖）
- 懸谷
- U字谷

氷河の流れと残存地形
During and after glaciation

氷河とは、積雪量が融解量を上回る万年雪の状態になって形成されるものだ。巨大な雪塊による圧力で雪の一部が融け、その融け水は圧力の低い部分で再凍結・再結晶する。氷の結晶は徐々に小さくなって連結し始め、流動できる塊をつくり出す。こうして表層では砕けやすい氷が、下層では塑性変形して柔軟性をもつようになる。氷の結晶が回転したり滑動したりして結晶内に流れが生じると、重い氷塊は重力に引きずられて斜面下方に運ばれる。このようにして氷河は岩盤を侵食しながら地形にその痕跡を残す。また、氷河の末端は常に融けながら水と岩屑を捨て去り、特有の地形を後に残していく。

山上のくぼ地 *Mountain Basins*

　ぎざぎざした峰の間にできた谷の頭部に、丸い碗状のくぼ地が時に水をたたえた小さな湖（タルン）となって現れることがある。このくぼ地は谷氷河が生まれる場所であり、谷のはるか下方を大きく削り取る侵食作用もまずはここから始まる。氷食谷の谷頭にできたこれらのくぼみは、地質学者からはカール（圏谷、またはウェールズでcwm、スコットランドではコリー）と呼ばれる。カールに積もり始めた雪がやがては氷河となってゆっくりと谷を流れ下る。

スノードンの圏谷
Snowdon cirque

北ウェールズのスノードン山の頂上は、氷河に削られた丸いくぼ地に水をたたえたグラスリン湖を展望する。湖の谷側は、氷河による侵食作用を免れた岩盤の縁でせき止められている。

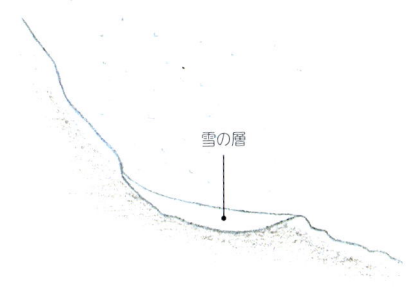

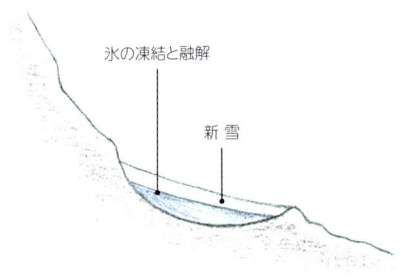

図中ラベル(左上): 雪の層

図中ラベル(右上): 氷の凍結と融解 / 新雪

新雪 First snows
雪が大量に降り始めると、それまでの侵食で生じたくぼ地で、とくに山地の日陰となって風雨のあたらない場所に雪が積もる。雪の層は次第に積み重なって圧縮されていく。

凍結と融解 Freeze and thaw
温度が高い時期に一部の氷は融け、気候が寒冷になるとふたたび凍結する。融氷水や、氷の膨張・収縮によって岩石は割れ、岩屑が氷の中に落ち込む。

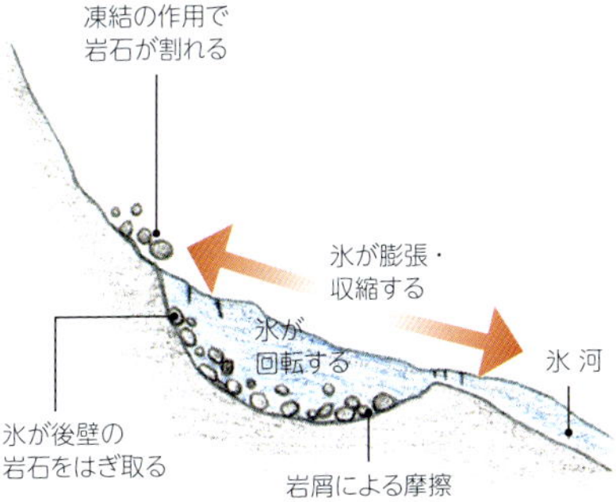

図中ラベル(左下): 凍結の作用で岩石が割れ / 氷が膨張・収縮する / 氷が回転する / 氷河 / 氷が後壁の岩石をはぎ取る / 岩屑による摩擦

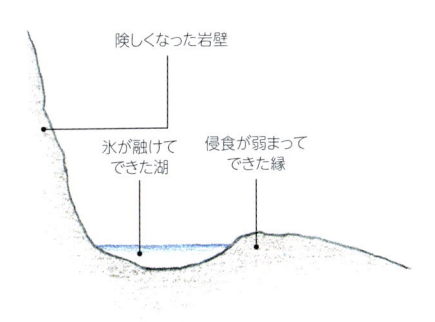

図中ラベル(右下): 険しくなった岩壁 / 氷が融けてできた湖 / 侵食が弱まってできた縁

碗状のくぼ地 Going round
氷河の下敷きになってはぎ取られた岩屑と、凍結・融解の作用により、氷は回転するように動く。氷に取り込まれた岩屑は底になった岩盤の表層を削り、碗状のくぼ地ができる。

タルンの形成 Tarn time
やがて氷河が後退する。この時点で侵食作用が弱まるため、カールの谷側は縁のように高くなり、くぼみの底では氷が融けてタルンが生まれる。おそらく幾度もの氷期を経てカールが形成されたと思われる。

ランドスケープを読み解く

山の頂と稜線
Mountain Peaks & Edges

ピラミッドの頂
Pyramidal peak
隣り合うカール氷河が岩肌を削って尖った「ナイフエッジ」を形づくる。スイスとイタリアの国境線上に鎮座するマッターホルンは、氷河の作用で側面が削ぎ落とされたホルン(氷食尖峰)をもつ。

　きわめて壮観な姿を見せる山には、氷河の作用で削られて現在の形にいたったものもある。切り立った鋸歯状の稜線が山の頂に沿って走り、そびえ立つピラミッド型の尖峰には3面以上の垂直な壁が連なるような山容は、山岳地域に蓄積した大量の氷によって形づくられたものだ。山頂間にアレートと呼ばれる急峻な尾根が走るこうした地形のひとつには、イングランド北部の湖水地方にそびえるストライディングエッジがある。

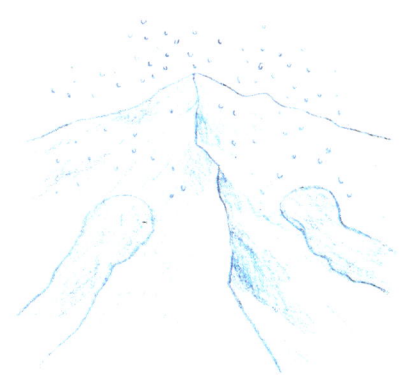

カールの集まり Cirque circle
山頂に降った雪は、p.104にあるようにくぼ地に集まって氷となり、徐々に積み重なって地形を碗状に侵食する。時にはこのようなくぼ地がいくつも隣接してできることがある。

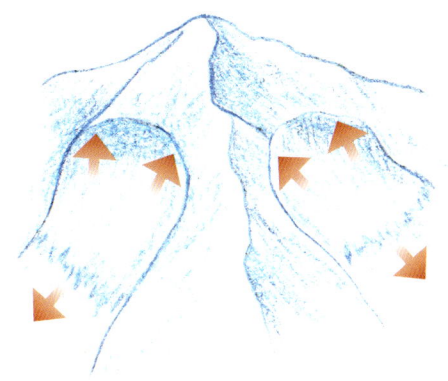

削剥する氷 Plucky ice
氷河が生まれるにしたがい、凍結・融解および摩擦の作用で岩の表面は風化し、岩片が「はぎ取られて」くぼ地は深く大きくなっていく。

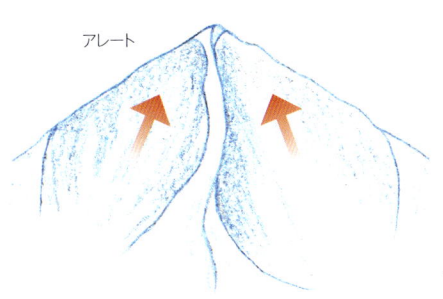

氷河の合流 Come together
やがて氷体は山腹を削り出して急斜面をつくる。隣り合う谷やカールからあふれ出した氷河が合流し、アレートと呼ばれる尾根に沿って鋭い尖峰をつくり出す。

ホルンの形成 Round the horn
氷河が3つ以上集まると、側壁が険しく垂直に近いピラミッド型の頂（ホルンと呼ばれる）を削り出す。特有の頂をたたえる有名な山々のいくつかは、このようにして形成された。

U字谷 *U-shaped Valleys*

　氷河によって削られた谷の多くは、正面から見るとはっきりとしたU字形の断面をもつ。したがってこの地形は、その地域がかつて氷河に侵食されたことをあとづける紛れもない証拠となる。U字谷は急峻な壁と平坦な床をもち、単に水による侵食でできた谷よりも直線を描く場合が多い。また谷の中央部では、氷が融け去るとともに堆積した岩屑の上やまわりを細流や河川がうねるように流れ下る光景もよく見られる。

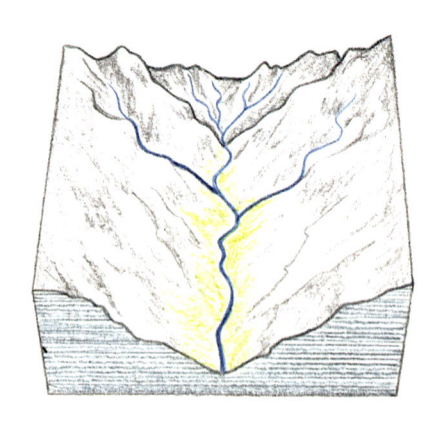

V字からU字へ From V to U
すべての氷食谷の成り立ちは、河川による谷の侵食に源を発する。p.86で見たように、流水がゆっくりと山腹にV字谷を刻む。

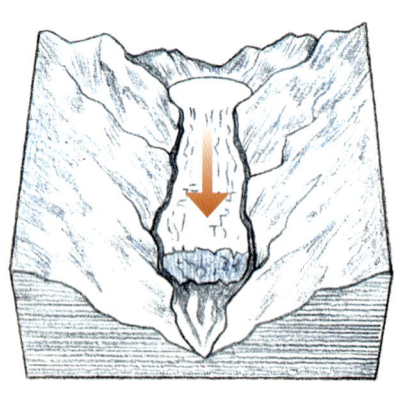

氷の流れ Ice flow
氷期には大量の雪が最初に谷頭に積もり (p.102参照)、やがて巨大な氷河氷の塊となる。氷体はゆっくりと斜面を流下する。

谷の底 Valley deep

米国ヨセミテ峡谷の急傾斜した谷壁は、平らな谷床からU字形にそびえ立っている。この谷は、過去200-300万年の間に数回にわたる氷河の侵食作用を受けてきた。

岩石が割れて氷河の上に落ちる

氷河に取り込まれて運ばれる岩石

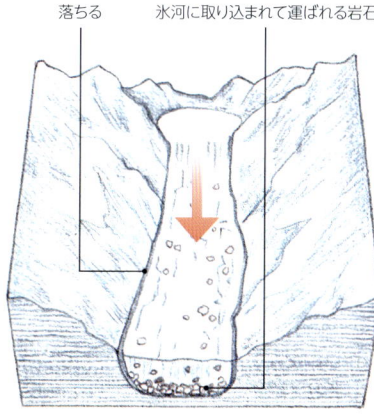

氷が融けてU字谷が現れる

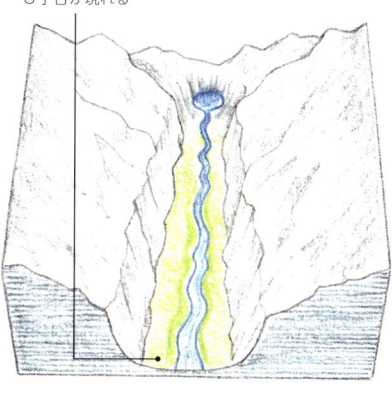

谷の洗掘 Scouring the valley

流動する氷体は、山腹から岩片をはぎ取って谷の下方へと運搬する。岩の塊が氷体に取り込まれて谷床と谷壁を削り取る。

氷河トラフ Glacial trough

氷河が後退すると、急傾斜した壁と平坦な床をもつ氷河トラフと呼ばれる地形が残る。ただしこの形状は岩盤の耐性によっても左右される。

ランドスケープを読み解く

フィヨルド *Fjords*

フィヨルド Fjord
ノルウェー西海岸に位置する壮大なガイランゲルフィヨルドは、世界でもっとも多くの観光客が訪れるフィヨルドのひとつだ。氷河によって岩盤に大きな割れ目が刻まれ、懸谷と滝が生まれた。

氷河がつくりだしたあらゆる景観の中でも、おそらくもっとも印象的なのがフィヨルドだろう。フィヨルドとは、大きな谷の一部が沈水して海につながった地形を指す。この大規模な海岸線の地形では、切り立った険しい谷壁が下方の水面へと深く掘り下がっているのが特徴的だ。フィヨルドは、かつて氷河に侵食された山岳地域で海に面する場所に形成され、ノルウェーおよびグリーンランドの西海岸、北米の一部、ニュージーランド、南米などに見られる。

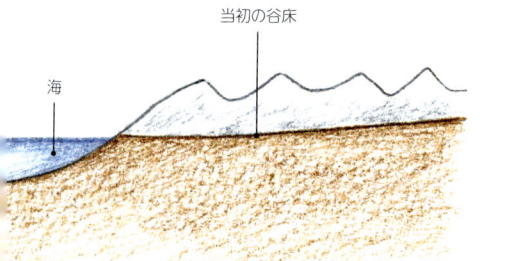

当初の谷床

過下刻作用 Overdeepening
氷の重量が最大となる場所では、氷河の過下刻という作用で谷は掘り下げられるが、氷が融けて少なくなる氷河の末端で谷底はふたたび上昇する。

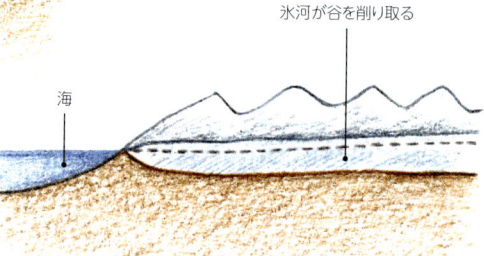

海

氷河が谷を削り取る

海

氷河の侵食 Glacial erosion
フィヨルドは、海に面するという点を除いては他の氷食谷と同じようにつくられる。氷期には氷河が生まれ、海面は最大でおよそ130m下降する。

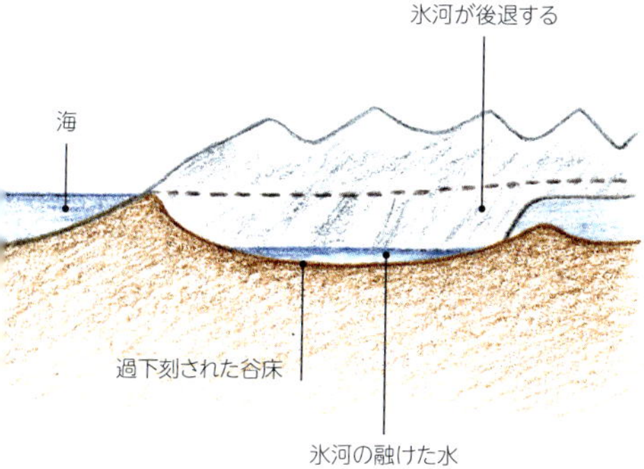

氷河が後退する

海

狭い入り口 Shallow mouth
氷の過下刻作用と氷河に運ばれた岩屑の影響で、フィヨルドの入り口は細長い形状になりやすい。堆積物もフィヨルドの入り口に積もっていく。

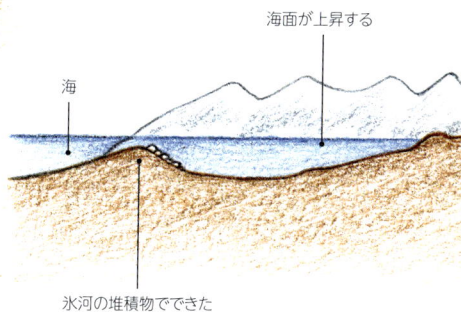

過下刻された谷床

氷河の融けた水

海面が上昇する

海

海水の流入 Flooding
やがて気温が上昇して氷期が終わると、氷河が融けて海面は上昇する。海水が谷にあふれ込んでフィヨルドができる。

氷河の堆積物でできた堆と海水の流出

懸谷 *Hanging Valleys*

ぶら下がった滝
Just hanging
米国ヨセミテ国立公園では、ブライダルヴェール滝が懸谷から本流の氷食谷に注ぎ込んでいる。懸谷の壁は削り落とされて断崖絶壁の様相を呈している。

　大きな氷食谷に合流する点で、支流の谷床が本流よりも高い位置になる場合がある。このような支流の谷は懸谷と呼ばれ、本流の巨大な氷河が支流よりも深く下方侵食を行うことで形成される。懸谷の特徴として、支流の谷と谷との間を走る支脈部が、流れ下る氷河によって短く「切断」されている地形を伴うことが多い。

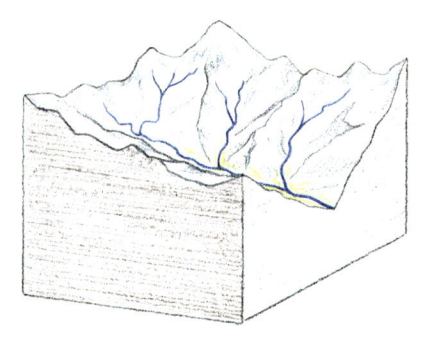

氷の侵食作用 Ice erosion
水による侵食で、徐々に谷の本流と支流ができる。長期にわたる寒冷気候で生じた氷河は、河川と同じ道筋をたどって谷を流れる。

本流の侵食 Deeper and down
大規模な氷河による本流の谷の侵食作用は支流よりもはるかに大きい。このため、やがて本流は支流よりも深く早く侵食されていく。

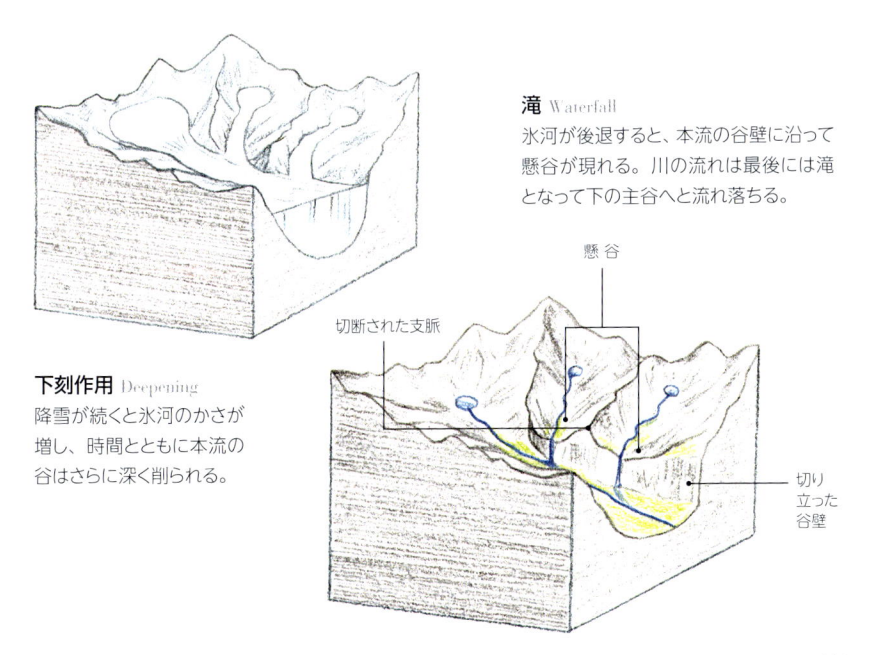

滝 Waterfall
氷河が後退すると、本流の谷壁に沿って懸谷が現れる。川の流れは最後には滝となって下の主谷へと流れ落ちる。

懸谷

切断された支脈

切り立った谷壁

下刻作用 Deepening
降雪が続くと氷河のかさが増し、時間とともに本流の谷はさらに深く削られる。

ランドスケープを読み解く *113*

削磨された岩 *Smoothed & Carved Rocks*

氷河による谷の侵食をあとづける地形には、丸くなめらかに削られた巨大な岩もある。このような岩の表面には、すべて谷の傾斜と同じ方向に、平行な溝や削痕あるいは亀裂が大きく入っている場合が多い。この傷あとは、氷河が露頭を乗り越したときに氷体中の石や礫が引きずられて岩の表面に刻んだものだ。大きな露頭を乗り越える氷体の動きによって作られる地形には、羊背岩(ロッシュムトネ)と呼ばれる岩や「クラグ・アンド・テール」などもある。

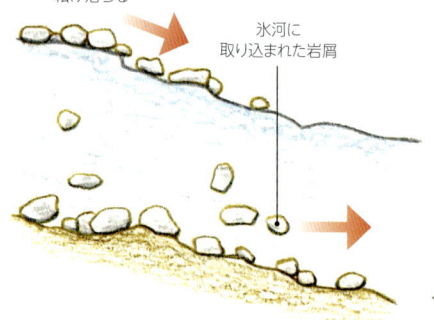

岩屑が氷河の上に転げ落ちる

氷河に取り込まれた岩屑

露頭の上を引きずられる岩屑

溝と擦り傷 Scratches and grooves
氷河がさまざまな大きさの岩屑を取り込み、岩盤の上を引きずるように運んで岩の表面に溝や擦り傷を刻む。

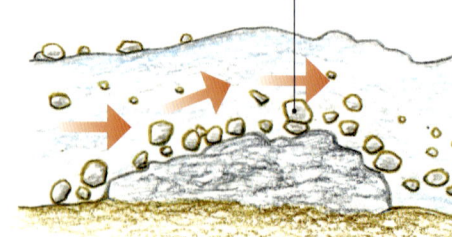

なめらかな上流側 Smooth going
氷河の底面が突出した大きな露頭にぶつかると、流れの上流側にあたる露頭の背部がなめらかに磨かれる。

なめらかな岩石
Smooth rock

スイスのモルテラッチ谷に見られる大きな岩。氷河底部の石と氷が谷床に沿って引きずられる際、岩をなめらかな流線形に整形した。

岩片がはぎ取られる

露頭がなめらかに磨かれる

氷河後退の後に現れたクラグ・アンド・テール

はぎ取られる下流側
On the rough side

流れの下流側では、露頭に接する氷体が圧力変化によって融解・再凍結し、この作用で岩が割れて羊背岩の形がつくられる。

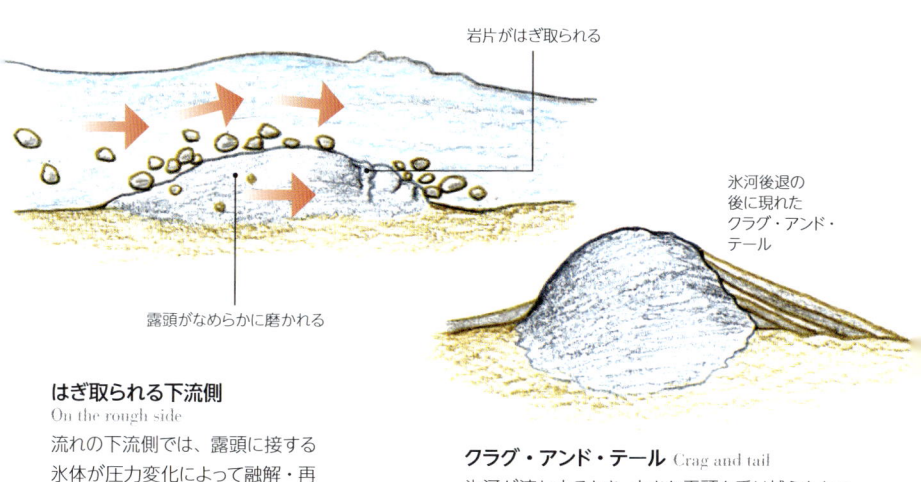

クラグ・アンド・テール Crag and tail

氷河が流れ去るとき、大きな露頭を乗り越えたところに大量の岩石や岩屑が堆積する。スコットランドのエディンバラに見られるキャッスルクラグなどの「クラグ・アンド・テール」はこうして形成された。

氷河の土手と堤 *Banks & Mounds*

氷河は谷を流下しながら絶えず融解と再凍結を繰り返す。氷河が融けるとき、ティル（氷磧土（ひょうれき））と呼ばれる岩屑を大量に捨てるため、巨礫から砂や粘土などの細粒物質にいたるさまざまな岩屑が山や土手あるいは列を成して堆積する。モレーン（堆石堤（たいせきてい））と呼ばれるこのような岩屑の集まりは、形成当初は岩石が列状に露出しているように見える。しかしほとんどの場合、岩屑は細粒堆積物を多く含むことから芝生や植生を発達させ、やがて谷床の縦横にできた土手や堤のような地形となる。

岩の列 Rock row
現在見られる大きな土手や堤状の地形は、かつて氷河の融け水に残された岩片などの堆積物が列を成して積もり、やがて植生を伴って発達したものだ。

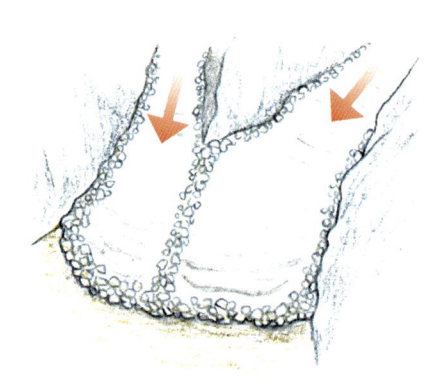

岩の粉砕 Breaking away
岩片が谷壁から崩れ落ちたり、氷河の作用ではぎ取られたりする。巨礫から細粒堆積物にいたるさまざまな種類の岩屑は斜面下方の氷の上や氷の中へと運ばれ、氷河の側面、末端あるいは中央に列を成して堆積する。

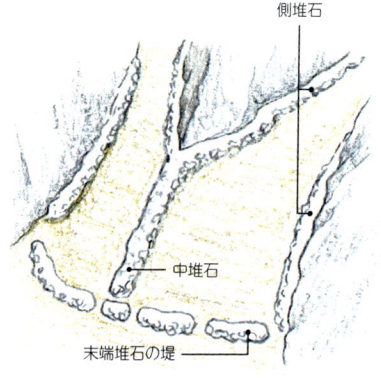

モレーン Moraines
氷が融け出すと、すべての岩屑を運ぶことができなくなり、あらゆる種類と大きさの岩屑が淘汰されずに堆積する。モレーンには、氷河側面にできる側堆石、2つの氷河の合流地点で中央部にできる中堆石、氷河末端部で谷を横断してできる末端堆石がある。

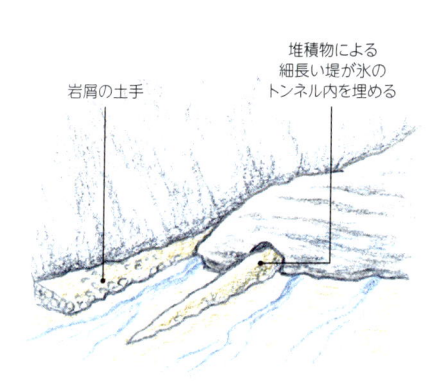

融氷水の土手 Meltwater banks
氷河が融けるにつれて、氷河側面と谷壁との間を細流が流れる。この細流は堆積物を残していき、やがて氷河が退いた後に土手状の高まりとなる。

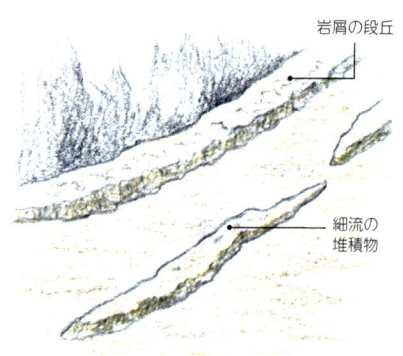

エスカー Eskers
エスカーと呼ばれる細長い堤状の地形は、氷河底のトンネルを細流が通ることによってつくられる。堆積物の堤は氷河が融けた後もその地に残る。

巨岩と巨礫 *Large Rocks & Boulders*

迷子石(右ページ)
Boulder
ウェールズのスノードニアに見られる巨礫。まわりの礫や下にある岩盤とは明らかに異質なため、迷子石と呼ばれる。

　これまで、流動する氷河に運ばれる岩片と岩屑が谷を削っていく過程を見てきた。氷河は融解しながら、そこまで運搬してきた風化岩石や巨礫や土砂を捨てていく。残された巨岩や巨礫はその大きさもさることながら、自分の下やまわりの岩石とは種類が異なることから、景観の中で突出した特異な地形としてその地にとどまる。この他にも、永久凍土が融けて地表が動いた結果、斜面の上から谷床へと転げ落ちた巨礫も多く見られる。

岩石が割れる Rock fragments
氷が融けて岩石の割れ目にしみ込み、その後ふたたび凍結する。こうして砕けた岩片が岩肌から削り取られる。また、氷の塊は流れ落ちて岩石をはぎ取る。

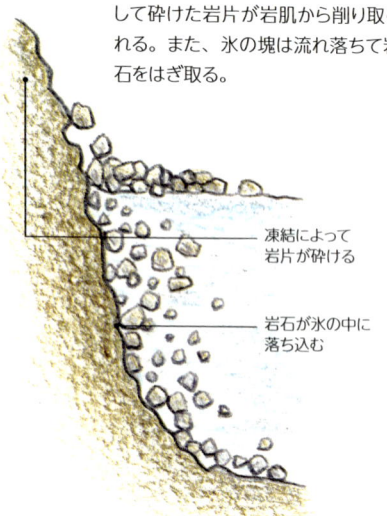

- 凍結によって岩片が砕ける
- 岩石が氷の中に落ち込む

岩石が運ばれる Carried away
斜面上方の岩石が氷の上に落ちたり、氷河の割れ目に入ったりする。これらの岩石は、時には氷の融解・再凍結に伴って氷河の内部へと落ち込む。

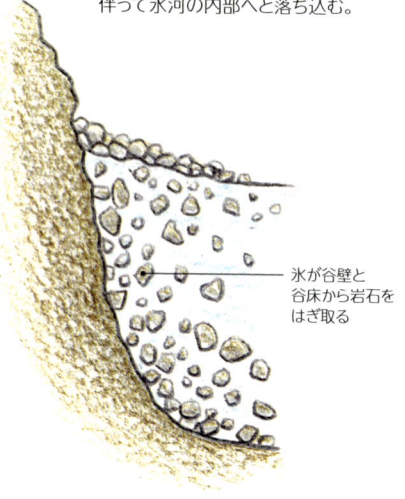

- 氷が谷壁と谷床から岩石をはぎ取る

側堆石

削磨され谷床に
残された巨礫

岩石が残される Deposited rocks

氷が融けると、密度が下がって中に含んでいた岩屑を運搬できなくなる。岩屑は氷河の底に積もってさらに引きずられるか、あるいは氷河が後退するときにその場に残される。

なだらかな小丘 *Small Rounded Hills*

　氷河の残した堆積物が、小高く細長い丘となって氷食平野に見られることもある。他の丘陵地との見分けがきわめて難しいこの地形だが、たいていは群れを成し、もともと氷河が流動した方向を「指している」ことが特徴だ。このような丘の正確な形成過程についてはいまだに諸説あるが、氷河が部分的に融けながら堆積物の山を捨て、その上を乗り越えた後に残された地形だと考えられている。

ドラムリンの丘
Drumlin hill

地質学用語でドラムリン（氷堆丘）と呼ばれる丸みを帯びた小丘は、他の形成過程でできた丘陵地や採掘による古い堆積物とも見分けが難しい。一般的には、ドラムリンは曲線的な卵のような形状で、ひとつひとつの丘が同じ方向を向いて群れを成すことが多い。

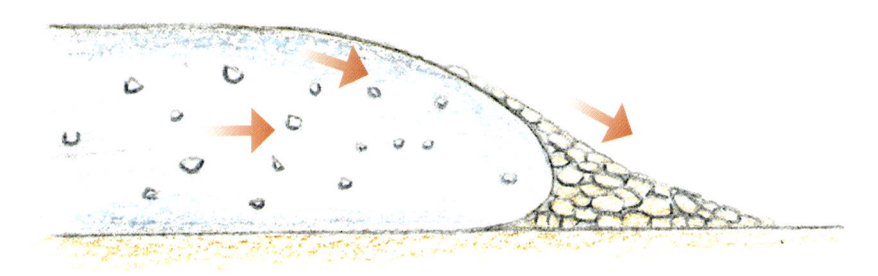

岩屑の堆積 Depositing material
氷河は重力に引きずられて流れ、氷と雪が沈降して蓄積していく。その過程で氷河は常に融解と再凍結を繰り返し、氷床の下には岩石と堆積物が山となって残される。

地形の高まり Shaping mounds
氷河は岩石と堆積物の山の上を乗り越えながら、なめらかに整形していく。こうして大きく丸みを帯びた地形の高まりができ、時には中央の大きな岩がまわりの細かいティルに覆われる。

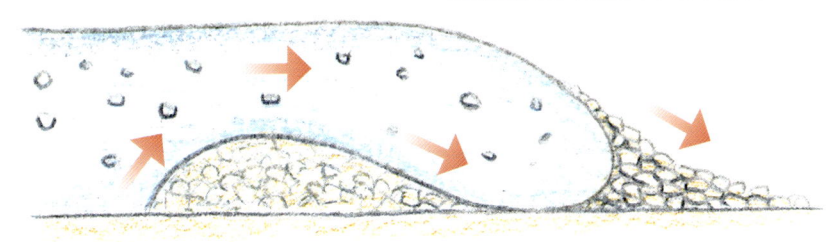

ドラムリン Drumlins
氷河が後退した後、大きな卵形地形のドラムリンがフィールドと呼ばれる群れを成して残される。これらの丘の「尖った」先は、すべて氷河の流動した方向を指している。

ランドスケープを読み解く *121*

ハンモック堆石 *Hummocks*

これまで見てきた堤や土手や小丘と同様に、氷河の堆積物が残した景観には、くぼ地と小山が広範囲に連続して分布する凹凸のある地形も見られる。モレーンの一種と考えられるこの地形は、氷床の割れ目や折れ目の中に岩石、砂、礫が取り込まれ運ばれた後、氷河の後退とともに地表に堆積してでき上がったものだ。小山の間にできたくぼ地は、ケトル湖 (p.124参照) のように水をたたえ、植生が繁茂して湿原となることもある。

凹凸の地表
Hummocky ground
氷が融けた後、小丘や斜面、くぼ地を伴った起伏のある地形が氷河の痕跡として残ることがある。多くの場合、くぼ地は水をたたえて植生が発達する。

氷河　　　折れ目

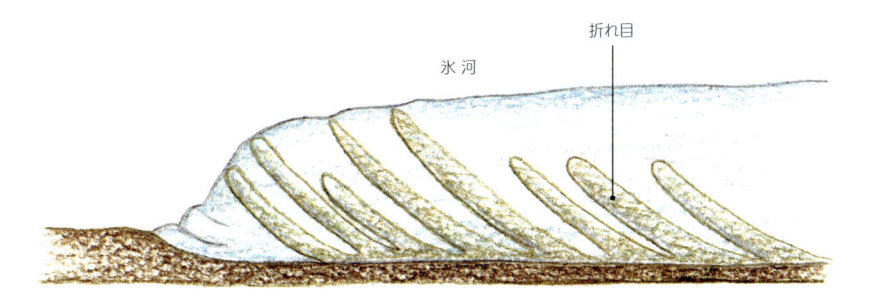

氷の断層と褶曲 Ice faults and folds
流動している氷河は、前に進みながら絶えず融解と再凍結を繰り返す。氷河の中で氷が融けた部分は、圧力下にある岩石と同様に、圧縮されたり、伸びたり、割れたり、折れ曲がったりする。

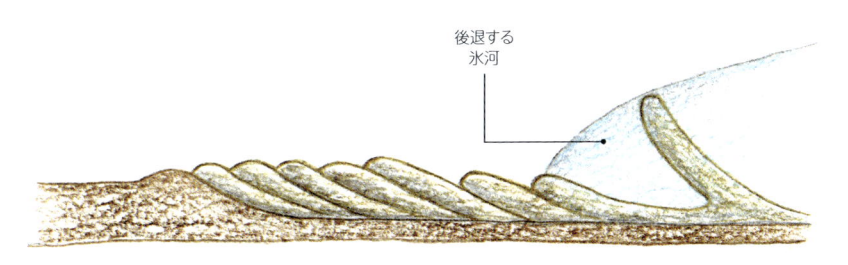

後退する氷河

堆 積 Deposits
堆積物と岩石は、こうしてできた氷の割れ目や折れ目に取り込まれて運ばれる。やがて氷河が融けて退くと、これらは次々と折り重なって層となり、小山の連なったハンモック地形ができる。

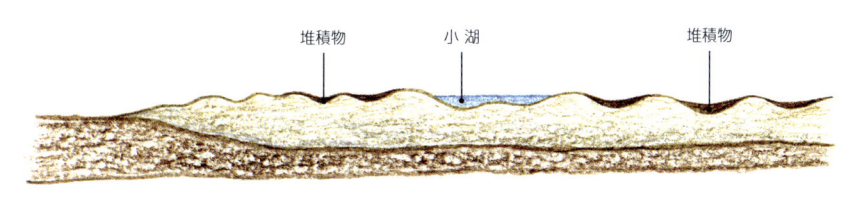

堆積物　　小湖　　堆積物

ハンモック堆石 Hummocks
この地形はやがて降雨に侵食され、さらに氷河の融けた水が流れ込んで水と堆積物で満たされる。このようにして、現在見られるハンモック状の不規則な地形が後に残る。

ランドスケープを読み解く　**123**

くぼ地の小湖 *Small Low-lying Lakes*

氷食を受けた低平な地域に多く分布するケトル湖だが、高地の景観にも見ることができる。ハンモック堆石の場合と同様に、この地形も通常はいくつもの丸いくぼ地から成っている。くぼ地は時には地表に散らばるように現れ、また、水をたたえて円形の湖となる場合も多い。ケトル湖は、氷河が融けるときに一部の氷の塊が砕け落ちて生まれたものだ。やがてくぼ地の底はシルトと植生に満たされ、湿原や沼地となる。

ケトル湖 Kettle lakes
米国ノースダコタ州に見られる、氷河の後退によって生じたケトル湖。

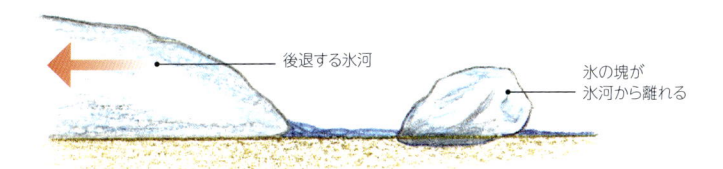

氷の塊 Blocks of ice
氷河の融解・後退に伴って大きな氷の塊が氷河の前面から離れ、融氷水が流れて土砂と岩屑が積もっていく。

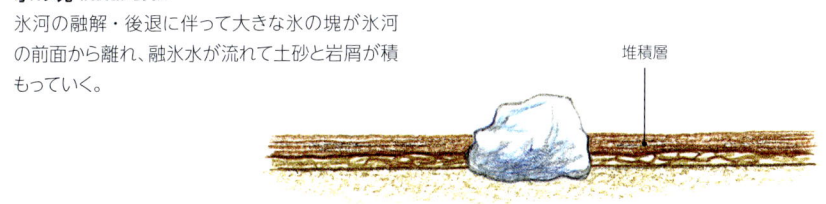

後退する氷河
氷の塊が氷河から離れる

堆積層の形成 Sediment build-up
かたい氷塊が完全に融けるには時間がかかる。その間も、融氷水から流れ出た土砂が、氷塊のまわりを囲んで層を成す。

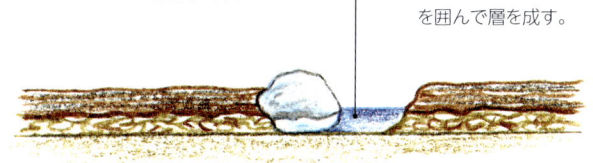

堆積層
融氷水と雨水

氷の融解 Melting the ice
氷塊が融けるにつれてまわりの堆積物に丸い穴をつくり、一部が沈降してくぼ地となる。融氷水と雨水がくぼ地を満たす。

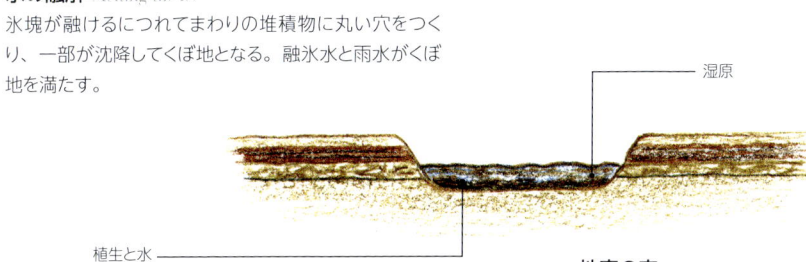

湿原
植生と水

地表の穴 Hole in the ground
いくつかの氷塊によって小湖の集まりや、小丘とくぼ地から成るでこぼこした地形ができる。くぼ地には植生と水が満たされて湿原が生まれる。

ランドスケープを読み解く *125*

細長い湖 *Long Lakes*

ブルーリボン(右ページ)
Blue ribbon
スコットランドのハイランド地方には、U字形の氷食谷エイヴォンの底に沿って曲線を描くエイヴォン湖が見られる。谷床の中央部は氷河の過下刻作用で掘り下げられている。

　氷食谷が、谷床のくぼみに長くうねるような湖をたたえることがある。このくぼみは氷河の侵食作用で削り取られたものだ。これまでに、谷を過下刻していく氷河の作用(p.111参照)を見てきたが、こうして生じた凹地はやがて水が満たされて湖となる。この他にも、氷河が残していったモレーンが谷幅にダム状の地形をつくった結果、谷床に湖が生まれる場合もある。

浅くなる Shallowing
氷河の前面では氷の量が減って岩盤を掘り下げる作用が弱まるため、くぼみが浅くなる。

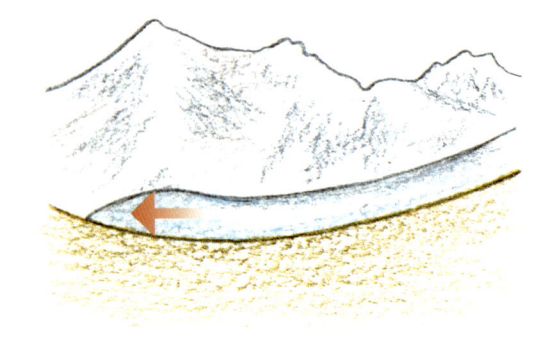

掘り下げる Hollowing out
前述の(p.111参照)フィヨルドと同様に、氷河の作用で谷床が掘り下げられる。氷河が流下するにつれて、谷床は氷の重みで擦り減っていく。

126　ランドスケープを読み解く

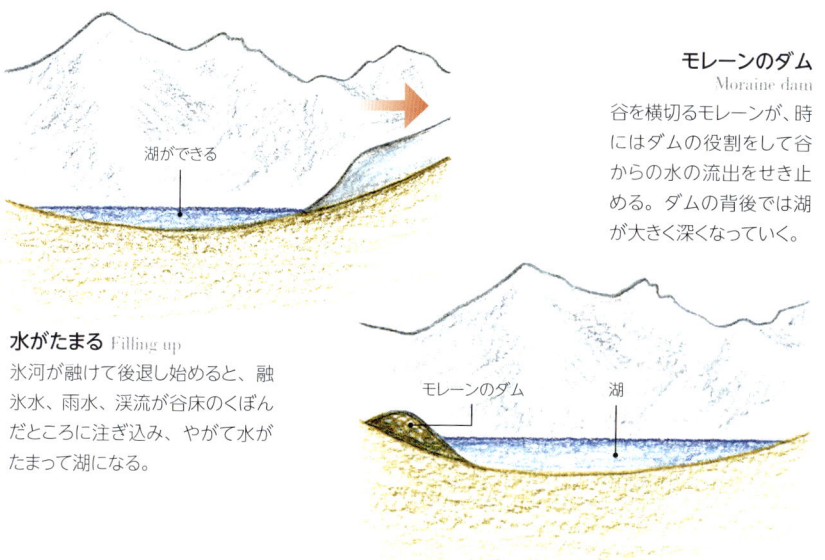

モレーンのダム
Moraine dam

谷を横切るモレーンが、時にはダムの役割をして谷からの水の流出をせき止める。ダムの背後では湖が大きく深くなっていく。

水がたまる Filling up

氷河が融けて後退し始めると、融氷水、雨水、渓流が谷床のくぼんだところに注ぎ込み、やがて水がたまって湖になる。

湖ができる

モレーンのダム　湖

ランドスケープを読み解く **127**

LOWLANDS 低地のランドスケープ
イントロダクション *Introduction*

　標高の低い地域の風景は、一見すると高地の景観ほどダイナミックには思えないかもしれない。しかし、低地の地形も高地の場合と同様の地質作用を受け、時には山岳地形と同じくらい複雑な構造をもつ。高地の風景に見られた地形が標高の低い地域で展開される例ももちろんあるが、平野やおだやかに起伏する丘陵地などは低地地形ならではの独自の個性を発揮している。

なだらかな広がり The low-down
低地の景観を特徴づけているのは、凹凸が少なく緩やかに起伏する丘、広く見渡せる平野、そして海へと注ぐ幅広で流れの速い河川などだ。地形の傾斜や河川の勾配が緩くなるにつれて川は運搬してきた土砂を吐き出し始める。このように低地の風景に見られる地形の多くは堆積作用の結果生じたものであり、したがって標高の低い地域の大地は、高地から運ばれてきた堆積物の層から成る場合が多い。低地に特徴的な地形には、この他にも氾濫原や沼地、ヨシ湿原、高層・低層湿原など、とくに温帯や熱帯地方の河床に広がる湿地がある。また、干上がった大きな塩原や砂原などは、乾燥地帯の低地に特有な地形といえる。

ヨシ湿原

湿地

エスチュアリー（三角

豊かな資源
Lowland features

標高の低い地域には地球上で人口がもっとも密集している。それは潤沢な天然資源を利用できる環境にあるからだ。たとえば河川が飲食用や運搬用の淡水を供給しながら氾濫原をつくり出し、その氾濫原は農業に必要な栄養物質を供給している。

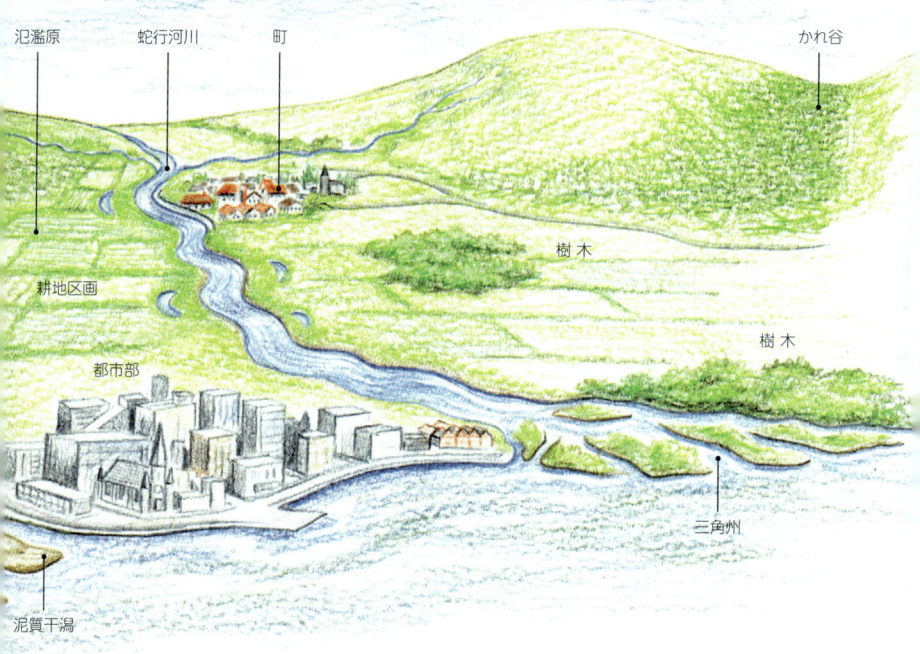

氾濫原
蛇行河川
町
かれ谷
耕地区画
樹木
樹木
都市部
三角州
泥質干潟

ランドスケープを読み解く

低地の丘陵と谷
Lowland Hills & Valleys

高地の場合と同じように、低地で展開される丘や谷も隆起・褶曲・侵食・堆積という作用が組み合わさって形成されたものだ。しかし、高地地形の多くが侵食されにくい岩石から成るのに対し、低地の地形は石灰岩や頁岩、粘土などのやわらかい岩石層から構成される場合が多い。川の流速が落ちたところにたまったこのような細粒堆積物の地層は、やがてプレートどうしの衝突によって折れ曲がり、侵食作用によって削り取られていく。

低地の起伏
Ups and downs
イングランド、サセックスの丘陵地帯サウスダウンズは、その昔海に堆積した幾重にも重なる石灰岩層から成る地形だ。白亜層の質感とやわらかさから、この堆積層が数百万年以上も侵食され続けた結果、現在のおだやかに起伏する地形が生まれたことがわかる。

地層の構造
Anatomy of a lowland landscape

イングランド南東部ウィールド地方の丘陵地には、低地の地形が何百万年もの時を経て形づくられた足跡が現れている。岩石は今から1億2500万年から9000万年前にシルトや砂や泥となって湖底や海底に積もり、その後6500万年前までは白色のやわらかい石灰岩の海底（白亜）として沈んでいた。圧密を受けた堆積層は固まって岩石層になり、およそ2000万年前のユーラシアプレートとアフリカプレートとの衝突の結果、のっぺりとしたドーム状に褶曲・隆起した。後に白亜層は侵食されて谷の部分では下層の粘土と砂岩が露出し、一方でノースダウンズとサウスダウンズの最高地点では白亜層の尾根が残る現在の地形となった。

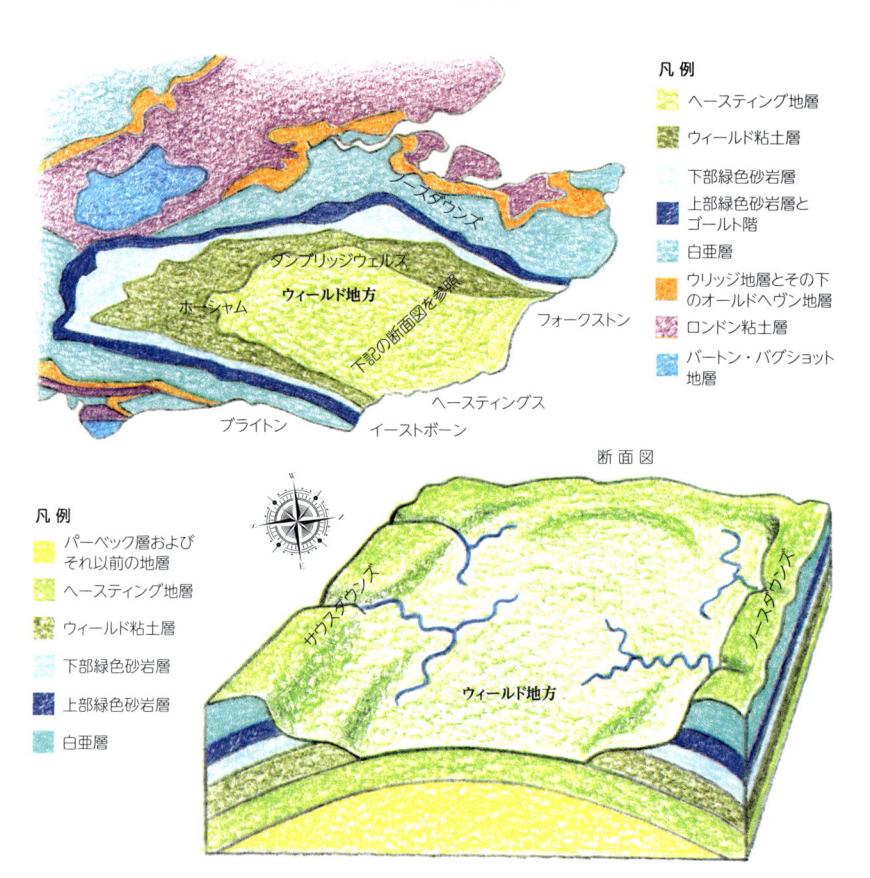

凡例

- ヘースティング地層
- ウィールド粘土層
- 下部緑色砂岩層
- 上部緑色砂岩層とゴールト階
- 白亜層
- ウリッジ地層とその下のオールドヘヴン地層
- ロンドン粘土層
- バートン・バグショット地層

断面図

凡例

- パーベック層およびそれ以前の地層
- ヘースティング地層
- ウィールド粘土層
- 下部緑砂岩層
- 上部緑砂岩層
- 白亜層

かれ谷 *Dry Valleys*

　低地の谷には、一見すると川による侵食地形のようだが実際の谷底にはその痕跡がまったく認められないものがある。これらは一体どうやって形成されたのだろうか？　かれ谷と呼ばれる谷は、白亜質ダウンランド（イングランド南部の丘陵地帯）などの石灰岩地形や多孔性の砂岩地形によく見られる。こうした透水性の岩盤には水が浸透することから、現在見られる谷の形状は過去の何らかの地形環境がもたらしたものと推測できる。いくつかの可能性を探ってみよう。

水のない河川
Running dry

かれ谷の多くは周氷河気候で形成される。透水性の岩石（石灰岩など）が永久凍土になると、水は一時的に不透水性となった岩盤にしみ込むことができずに地表を流れる。やがて温暖な気候が訪れて水は地面に浸透できるようになり、後にはかれ谷が残される。

融氷水の細流

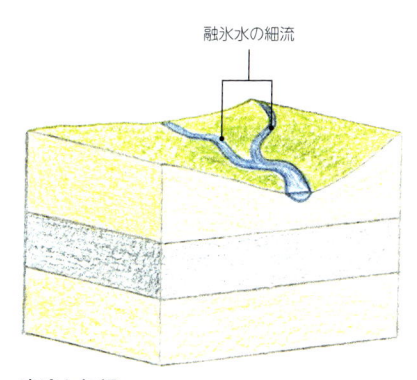

寒冷な気候 Colder climates
きわめて寒冷な気候に長期間さらされると地面は永久凍土となる。通常は透水性の地層がかなり深い部分まで凍結するため、上層部では水が浸透できなくなる。

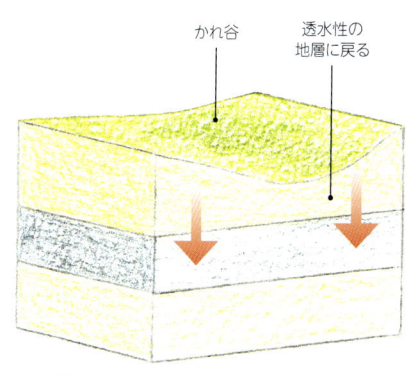

かれ谷　透水性の地層に戻る

水食谷 Valley erosion
地面に浸透できない水が地表を流れ、その侵食作用で谷ができる。気温が上がると地層は融けてふたたび透水性になる。水はまた地面にしみ込むことができるようになり、侵食作用は止まる。

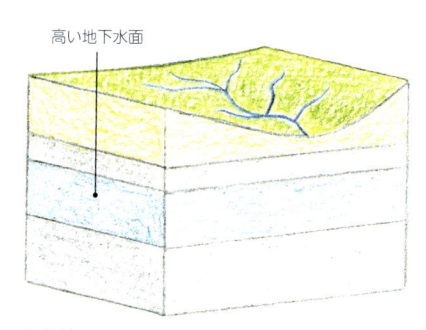

高い地下水面

湿潤多雨 More water
豪雨の後、かれ谷の底で一時的に水が流れる場合がある。このことから、かつて湿潤気候にあった時代の大雨によって谷床が侵食されたとの推測もできる。

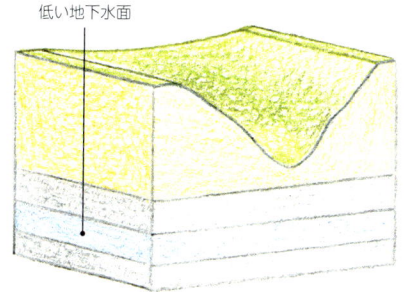

低い地下水面

地下水面 Lower water table
農業用水の供給などで地下水を大量にくみ上げた結果、現在の地下水面は過去よりもずっと低いとする説もある。つまり地下水面が高かった頃は、現在よりも頻繁に地表を水が流れていた可能性もある。

ランドスケープを読み解く　**133**

孤立した丘陵 *Isolated Hills*

むき出しの露頭
(右ページ)
Exposed outcrop
タンザニアのセレンゲティ平原では、花崗岩の小山（現地ではコピーと呼ばれる）が突出して立っている。コピーは多くの動植物にとって安全な生息地となる。

低地の風景には、時に周囲の低平な地面からぽつりと孤立して立っている丘や岩山の姿が見られる。このように突出した露頭はまわりの地層よりもかたく、すべては現在より標高の高い位置にあった地表が長年にわたって水や風や氷による侵食を受けた末に残されたものだ。こうした残留地形の丘は河川の流路からはるか遠く離れているため、洪水時の侵食作用がもっともおよびにくい地形といえる。

新しい大地 New ground
新たに形成または隆起した地層は、すぐに降雨や流水による侵食作用にさらされる。河川は地表面を侵食して流路を刻んでいく。

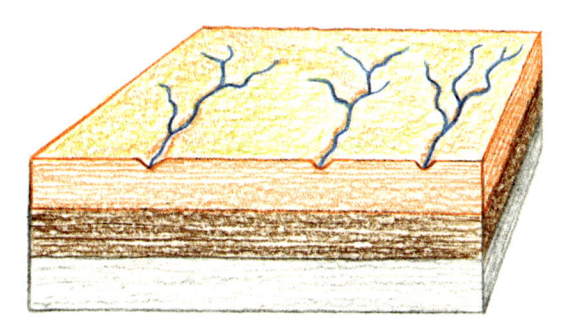

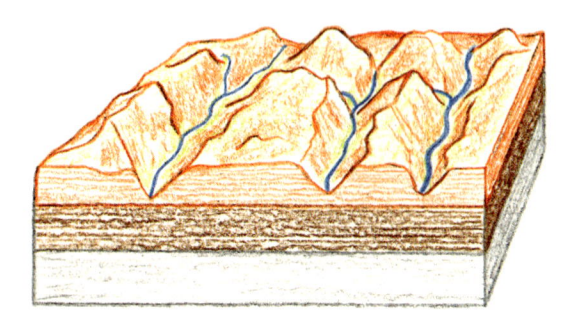

丘と谷 Hills and valleys
河川は大地を侵食しながら深い谷間と丘陵地帯をつくり出し、もともとの地表面はほとんど残らず削り取られる。

平原 Plain

長年にわたる侵食の末、準平原と呼ばれる広く平坦な大地の中にぽつぽつと孤立した低い丘や露頭が残される。

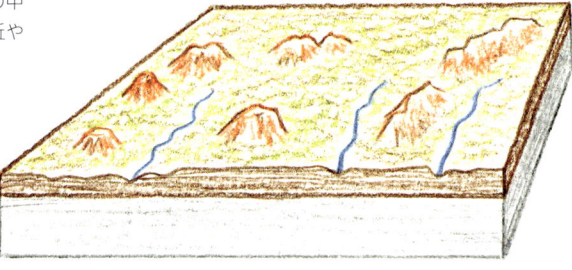

低地の河川 *Lowland Rivers*

　川は海面へと下っていく地面の傾斜にしたがって流下しながら、上流で侵食された岩屑を下流へと運搬していく。低平な地域に流れ着く頃には、水中の浮流物質や川が運搬してきた土砂は砂やシルトなどの細粒堆積物となっている。これらの細粒物質は川の流速が落ちて水があふれ出すところにたまり、川と陸地とのはざまに広く平坦な堆積地をつくり出す。

肥沃な平原
Fertile plains
英国のセヴァーン川は、さまざまな農業が展開される平原をうねりながら貫流している。氾濫原には長年にわたって川の運んだ栄養物質が堆積し、その結果、農業に適した肥沃な大地がもたらされた。

緩やかな流れ On the level

高地から侵食作用で低平になった地域へと流下するにつれて川の勾配は緩くなる。低地を流れる川は、右へ左へと蛇行しながら平坦で幅の広い谷を削り出し、流速が落ちて川幅が増したところで運搬してきた岩屑を吐き出してまわりの氾濫原に堆積させる。このような蛇行河川は網状流路や三角州をつくり出し、さらにゆっくりと湖や沼地に注ぎ込み、エスチュアリーや干潟へと広がって海に流れ着く。海への行程で乾燥地域を蛇行して流れる河川もあるが、その場合の水源もやはり近隣の湿地や山岳地帯から得られるものだ。

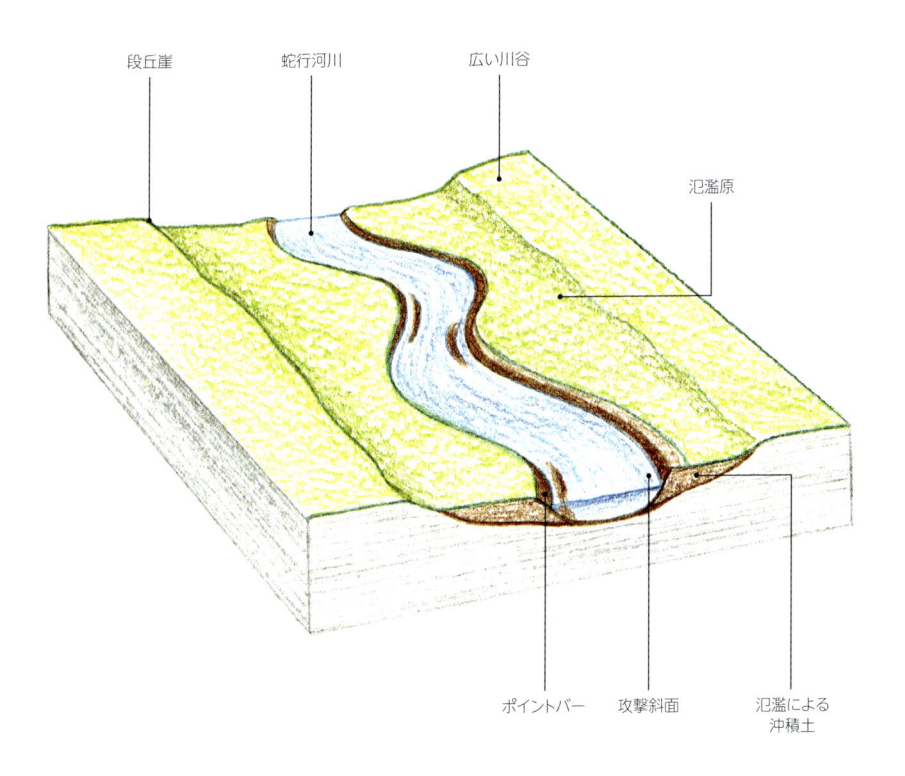

段丘崖　　蛇行河川　　広い川谷　　氾濫原

ポイントバー　　攻撃斜面　　氾濫による沖積土

湧水 *Springs*

多くの河川は湧水を水源としている。高地と低地のどちらでも発生する湧水の存在（つまり水が湧き出るかどうか）は地下水面の高さに影響される。地面にしみ込んだ雨水は、地層の割れ目に入り込んで透水性の岩石と土壌に浸透し、空いているすき間を埋めていく。こうして岩石や土壌などの地下物質が水で完全に飽和した部分が生まれる。飽和していない部分との境界は地下水面と呼ばれ、この地下の水が地表に湧き出たものが湧水である。

小さな水源
Small beginnings
フランスを貫流する大いなるセーヌ川も、もとは洞穴に源を発し、サン=セーヌ=ラベイ近郊のこの泉に集まる。さらに谷川へと注ぎ込んだ水がやがてはセーヌ川へと流れ着く。

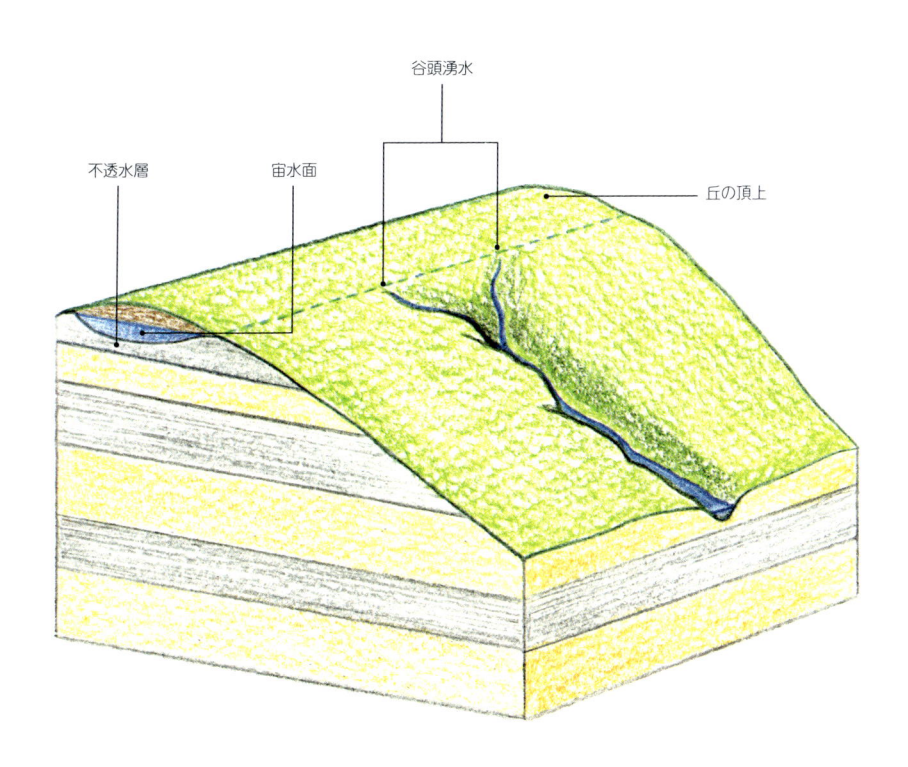

不透水層　宙水面　谷頭湧水　丘の頂上

湧水の源 Spring sources

地下水面の高さは降雨量と岩盤の孔隙率(岩石中のすき間の割合)に左右される。透水層が不透水層よりも上にある丘陵地では水はいったん地面にしみ込み、不透水層の上部に沿って地下を流れる。こうしていわゆる宙水面ができ、地下水は2つの岩石層の境となる場所で地表に湧き出す。谷頭で見られる湧水の多くは、このような宙水面から湧き出て川の水源となったものだ。やがて流下した川は谷を刻んで侵食していく。

河川と三日月湖 *Rivers & Oxbows*

曲流する川
Winding river
湿地帯の氾濫原を曲がりくねって流れる米国モンタナ州のブラックフット川。流路が刻々と移り変わることにより、複数の河道と三日月湖が生まれた。

　谷川の多くは蛇行曲線を描きながら流れる。その形状が生まれる過程についてはすでにp.88で見たとおりだ。広々とした低地の平野に流れ着くと、川は水流の力学によって広い川谷と氾濫原一帯にうねるようなS字形の湾曲をつくる。湾曲の度合いは次第に大きくなって水流の進行方向へとどんどん移動し、やがて侵食と堆積の作用によって特有の地形が生み出される。

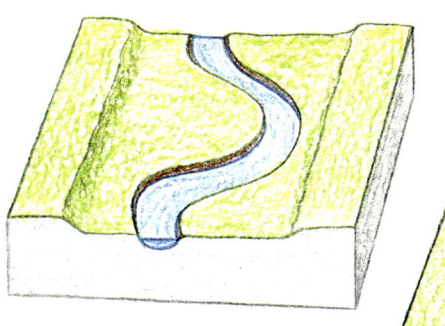

大きな湾曲 Widening
侵食が進むにつれて湾曲部はゆっくり下流方向へと移行していく。それと同時に流路は横に振れて川谷の側壁へと近づき、侵食された谷の幅が広がっていく。

流れの行方 Moving on
低地の平原に到達するところでは、川の侵食作用と運搬作用のエネルギーは同程度だが、徐々に川岸は切り崩されてS字形の湾曲ができる。

湿地帯 Marshes
時間の経過とともに蛇行する流路から離れた三日月湖と谷床のくぼ地が残る。くぼ地はやがて湿地帯となり、植生が発達する。

三日月湖 Oxbows
洪水時には川の流れは直進し、大きくうねった湾曲部が切り離されて新しい河道が生まれる。一方で旧河道部には「三日月」形の湖または池が残される。

ランドスケープを読み解く

氾濫原 *Floodplains*

水の世界(右ページ)
Water world
セヴァーン川の氾濫で浸水する英国グロスターシャー州のテュークスベリー近郊。増水した川が氾濫原脇のわずかに高まったへりの部分にまで到達した。

　氾濫原とは低地で河川との境界にある広く平らな陸地で、洪水時にはしばしば沈水する区域をいう。川は時おり氾濫するため、その侵食・堆積作用で徐々に氾濫原がつくり出される。こうした区域には栄養豊富なシルトが大量にあふれて一帯に堆積し、農業や生活を営むうえで理想的とされる肥沃な土壌がもたらされるが、その一方で洪水は近隣住民にとって大災害にもなりうる。

段丘崖

川谷の堆積物

沖積土

氾濫した水

段丘崖 Bluff lines
流路が蛇行して川谷が広がり、平らな谷床から急傾斜で立ち上がった段丘崖と呼ばれる地形ができる。

土砂が谷底に堆積する

洪水 Flooding
川の氾濫によって近隣の土地が沈水すると流水のエネルギーは消散し、運ばれてきた土砂は谷床一帯に堆積する。

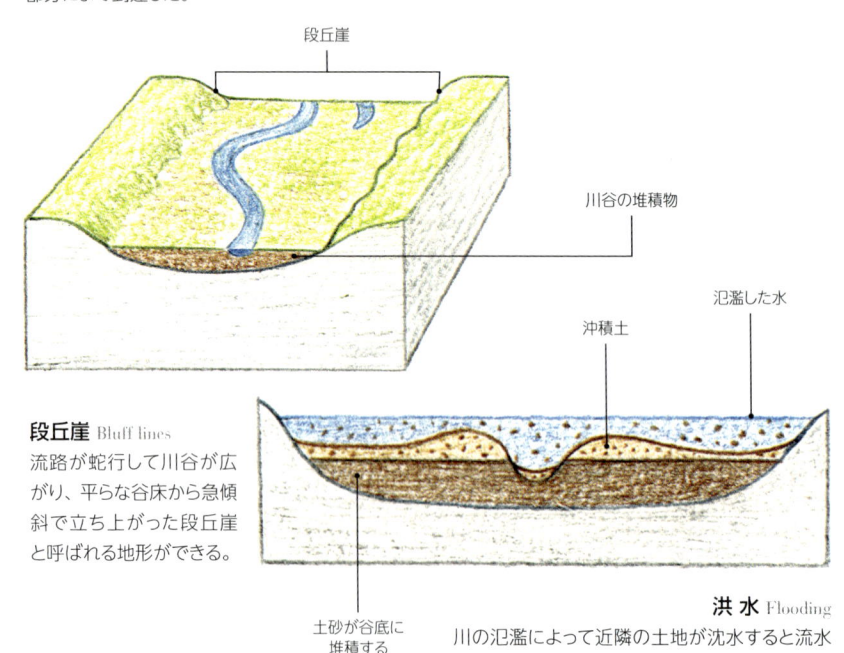

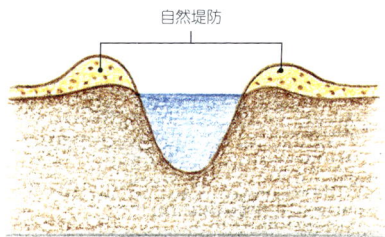

自然堤防

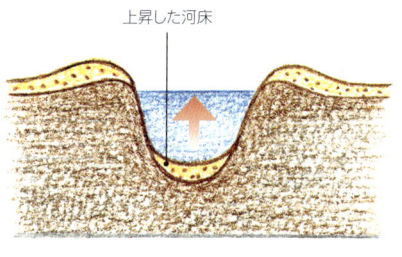

上昇した河床

自然堤防 Levees
目の粗く重い岩石が最初に堆積し、川岸に土手つまり自然堤防をつくり出す。細粒の土砂は川からさらに遠く離れて氾濫原一帯に広がる。

河床の上昇 Raised river bed
洪水が引くと河床にはさらに多くの堆積物がたまるため、水深がもち上がる。こうして洪水流が土手を越えてあふれる可能性がふたたび高くなる。

ランドスケープを読み解く

河岸段丘 *River Terraces*

段差 Off the shelf
インドヒマラヤのツァラブ川流域に沿って分布する棚状の地形から、かつての河道と氾濫原の位置をうかがい知ることができる。

　蛇行河川と氾濫原を伴う川谷に、平らで幅の広い段丘が自然に生まれる場合がある。流路からは距離を置きながらも川谷に沿うように続くこの地形は河岸段丘と呼ばれ、その形成には2通りの過程があると考えられる。ひとつは長い時間をかけて川が蛇行流路を移行させてできた場合、もうひとつは川による下方侵食が復活した場合だ。

段丘 Terraces

川は蛇行しながら谷床を横へと削り続け、かつての土手はだんだん離れていって新しい段丘が現れる。この過程の繰り返しで川沿いに何段もの段丘ができ上がる。

河道の変遷 Wandering scar

水流が徐々に川谷を削ることから段丘が生まれる。気候変動によって川の流れや河川内の土砂が変化すると河道が変遷し、氾濫原もそれに応じて移動していく。

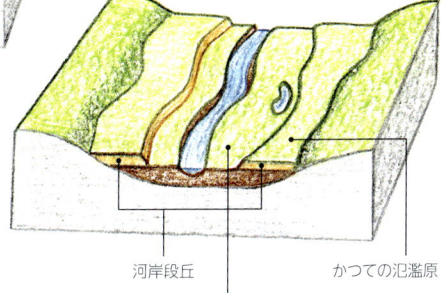

河岸段丘　　　かつての氾濫原

新しく生まれた氾濫原

侵食復活の前

新たな谷 New valley

重力のはたらきで川は地表面を下方へと削り始め、自らが氾濫させた堆積物を刻んで新しい谷をつくる。こうして川の両側に段丘が生まれる。

侵食復活の後

下方侵食の復活 Renewed downcutting

河岸段丘が形成されるもうひとつの過程には、地殻変動による土地の隆起が関係する。地表面がもち上がると、そのぶん侵食作用が増した川は河床を下へと刻み込んでいく。

新しい河岸段丘

ランドスケープを読み解く **145**

三角州 *River Deltas*

　河川は海や湖などの大きな水域に近づくにつれてその流速を弱め、いくつもの河道に枝分かれした網状河川(p.91参照)になる。河道は放射状に広がって大きなD字形を成し(このため三角州は「デルタ」と呼ばれる)、緩い勾配で土砂を積もらせていく。こうしてできる堆積地の形や断面は、川の水流の強さ、海や湖の水流の強さ、さらに両者の相互作用によって変化する。

デルタフォース
Delta force
広大な三角州を流れるロシアのレナ川をとらえた高解像度の衛星画像。幅およそ400km、長さおよそ100kmにおよぶ三角州を通ってラプテフ海に注ぐ。川が積もらせた堆積地形には植生が定着し、徐々に地盤が安定していった。

水の流れ

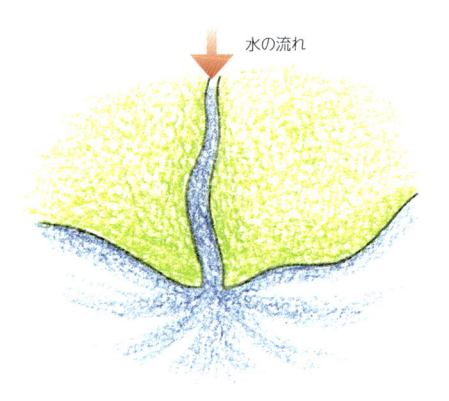

海岸へと流下する Down to the shore
海や湖に到達する頃には川の流れは緩やかになって運搬力は衰え、そこまで運んできた土砂を河口に積もらせる。

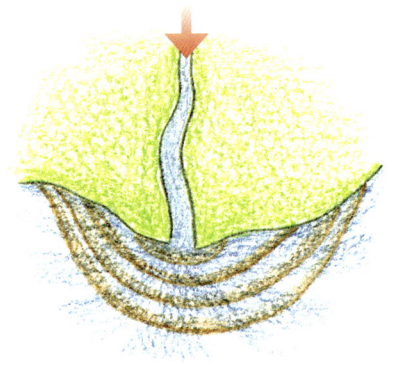

堆積する Banking on it
河口付近の水中には徐々に堆積物がたまって地形の高まりが生まれ、流れの終点から放射状に広がっていく。

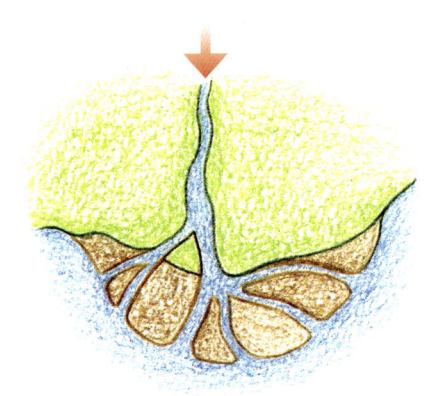

分流 Distribution
川はいくつかの分流へと枝分かれしながらエネルギーと運搬物を分散させる。水の流れや運搬される物質が変わることによって、三角州の規模と形状も変化する。

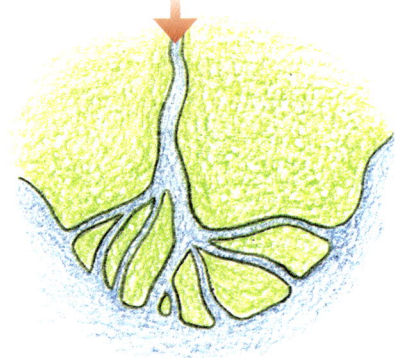

新たな大地 New ground
氾濫原の堆積物と同様に、三角州に積もった土砂も栄養物質を多く含む。このため植生がすばやく定着することで海岸沿いには新しい地形が生まれる。

ランドスケープを読み解く **147**

淡水湿地 *Freshwater Wetlands*

　景観にはさまざまなタイプの湿地が見られるが、主には淡水湿地と塩水湿地の2つに大別できる。もちろん水の流れや水源によって水中の塩分濃度は変化するため、それに応じて湿地の成り立ちも変わってくる。淡水湿地は、その名が示すように河川を流れる水や地下水などを水源とする湿地だ。このため高い地下水面が条件となる。淡水湿地の特徴として、地面が沼沢性または湿地性であり、浸水した土壌がほぼ植物に覆われていることなどがあげられる。

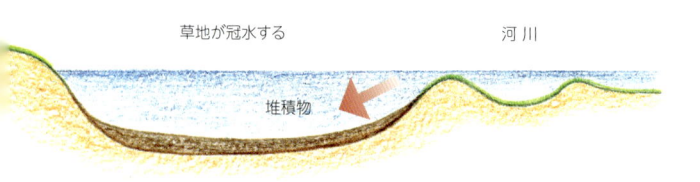

草地が冠水する　　　　　河川

堆積物

水面が下がる

湿地の始まり
Beginnings of wetlands
川の氾濫、または降雨や洪水などで絶えず水が流れ込む状況になると地面は飽和する。人工のくぼ地や、融氷や旧河道が残した自然のくぼ地に水が集まって浅い湖ができる。水流に運ばれた土砂が積もっていく。

コケの集まり Gathering moss
最初に藻類とコケ類が自生して植生の層が形成され、バクテリアと昆虫類が生息できるようになる。栄養豊富な土壌に水生植物が生育し始める。

湿地の楽園
Wetland wonderland

スペインのドニャーナ国立公園に見られる湿地帯。このような淡水湿地は自然保護の観点から貴重な存在とされる。乾いた陸地と水域とのはざまに位置する湿地帯は、植物と野生生物にとって大切な生息地だ。

頻繁な洪水と降雨で水かさが増す

根をはる Taking root
沼沢植物の群落の中に低木が根をはり始める。積もり重なった堆積層が低木の根によって固結するため、他の植物が生長しやすくなる。

湿地が乾燥して植生が発達する

森になる Into the woods
低木が徐々に繁茂し始めて湿地を覆いつくす。やがて湿地帯は乾燥して脱酸化し、次第に森林や低層湿原へと移行していく。

ランドスケープを読み解く **149**

湿原 *Fens & Bogs*

湿原とは、長い時間をかけて形成される多湿で泥炭に富んだ土壌だ。低層湿原は中性からアルカリ性の水のある谷やくぼ地などで形成される。これに対して中間湿原は、酸性の水が流れ込む砂地や砂岩層の地域でできる場合が多い。同じく酸性の高層湿原は、標高の低い地域で低層湿原や中間湿原から移行してできたもので、泥炭が徐々に堆積して水面よりも高く盛り上がり、雨水のみで涵養される湿原を指す。またブランケット泥炭地は雨の多い高地で形成される。

泥炭地 Peat bog
スコットランドのケアンゴーム山脈クリーブコニッヒ山に見られる泥炭地。湿原内の水分は酸性度がきわめて高く、泥炭の生成に不可欠なミズゴケなどの植生の発達を促している。

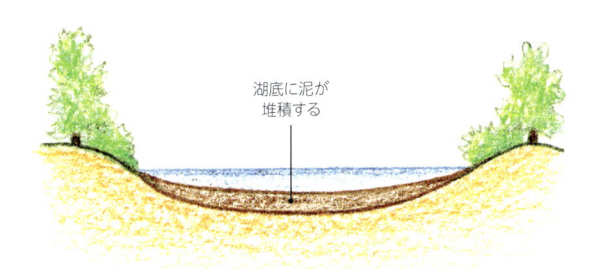

低層湿原 Formation of a fen
動植物の枯死体を含む有機物が湖沼の中にたまる。中性またはアルカリ性の水が流れ込み、栄養を多く含む土壌に植物が群生して低層湿原ができる。

湖底に泥が堆積する

湖沼 Lake
地面にできたへこみや凹地に地下水と雨水がたまって湖沼ができる。不透水性の湖底に泥が集まり、徐々に堆積していく。

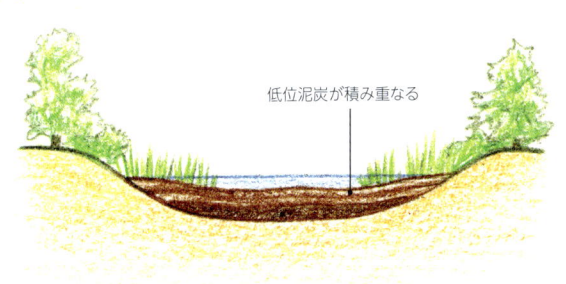

低位泥炭が積み重なる

泥炭が湖を満たす

高層湿原 Formation of peat
水面よりも高く盛り上がった湿原は雨水のみで涵養されるようになり、酸性度が高まる。泥炭が10cm堆積するには100年近くかかるとされている。

中間湿原 Formation of a bog
多湿な無酸素状態では、植物は十分に分解せずに泥炭となる。湖沼に泥炭が堆積して土壌はゆっくりと地下水面よりも上にもち上がる。

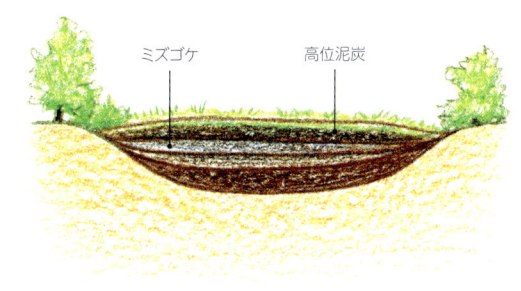

ミズゴケ　　高位泥炭

ランドスケープを読み解く

エスチュアリーと泥質干潟
Estuaries & Mudflats

エスチュアリー（三角江）とは河川が海に流れ込む注ぎ口であり、その形状・幅・深さは、川の水源や水流、運搬してきた土砂の量、注ぎ込む沿岸の潮流の強さなどによって異なる。ここでは海の塩水と川の淡水とが合わさった相互の水流が砂やシルト、粘土などを積もらせていく。潮が引くと水面上に現れる泥質干潟はこのような堆積作用でできた地形だ。エスチュアリーの形成過程には次のようにいくつかのパターンがある。

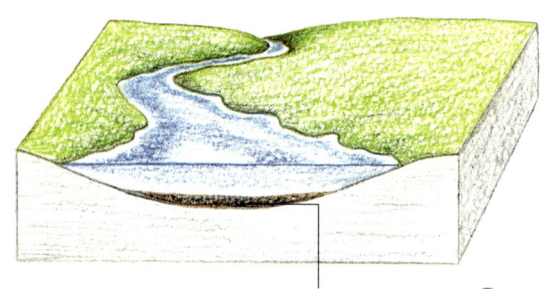

泥質干潟（右ページ）
Mudflats
英国サフォーク州オールド川の干潟では、干潮時にその河道がはっきりと現れる。泥質干潟の境界域には耐塩性の植物が広がっている。

地溝帯 Rift valley
地殻変動によって地溝帯が生じ、地面が落ち込んだところに海水が流入してエスチュアリーが形成されることもある。

おぼれる川谷
Drowned rivers
ほとんどのエスチュアリーは最終氷期の終わりの海面上昇によって川谷が沈水し、「おぼれ谷」となった結果できたものだ。

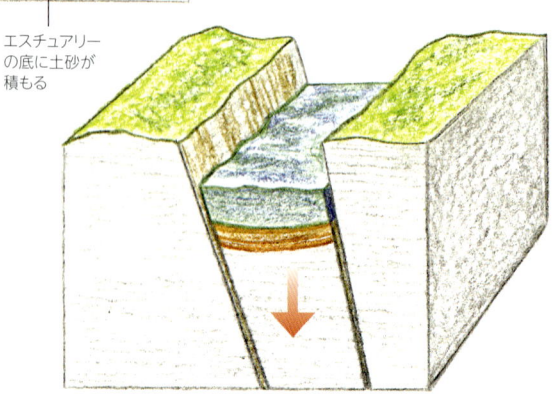

エスチュアリーの底に土砂が積もる

部分的に
沈水した砂礫堆

帯状のエスチュアリー

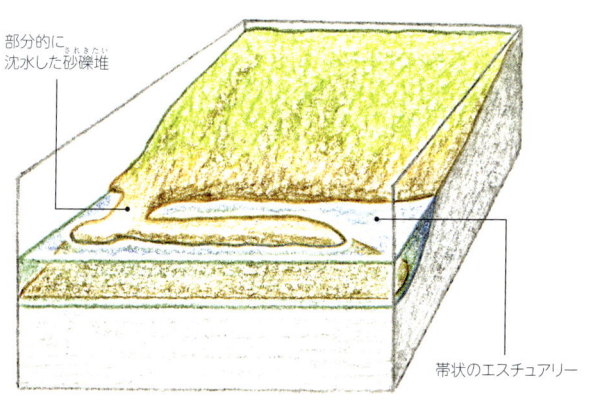

砂礫の州 Up to the bar
海岸線沿いに砂礫が堆積して砂州が形成され（p.178参照）、入江が海岸と平行にふさがれる形となってエスチュアリーができる場合もある。

ランドスケープを読み解く 153

塩水湿地 *Saltwater Marshes*

河川が海に流れ着くところでは、川の流れや潮汐によって運ばれたシルトがエスチュアリー付近の河道にどんどんたまっていく。堆積が進むと、その結果生まれた泥質干潟が塩水につからず大気にさらされる時間はだんだんと長くなる。するとこうした塩性の環境に適応できる植物が泥質干潟の栄養物質を求めて移りすみ、干潟に群生し始める。熱帯地方ではこのような湿地にマングローブの木々が群落をつくっている。

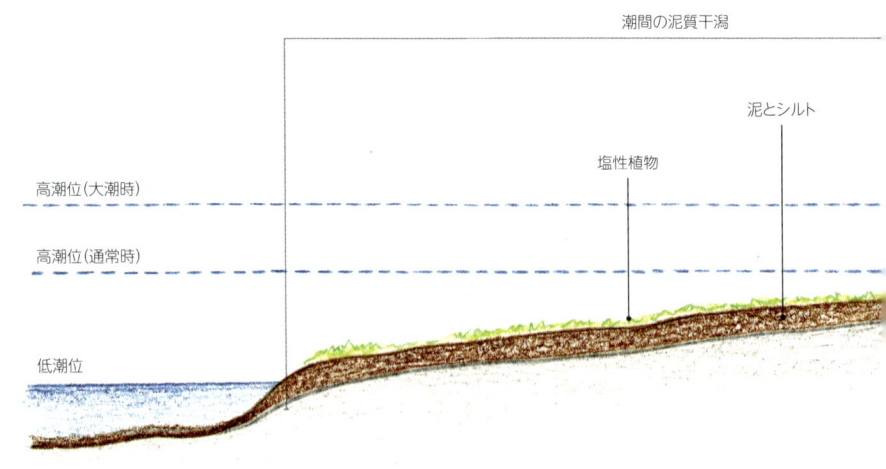

海岸沿いの湿地
(右ページ)
Coastal marsh

北海に浮かぶメルム島(ドイツ)の塩水湿地は植生の群落でグリーンに変色している。このような沿岸地域は、野生生物と特定の植物にとって豊かな生息地となる。

潮間の泥質干潟

泥とシルト

塩性植物

高潮位(大潮時)

高潮位(通常時)

低潮位

泥質干潟 Intertidal mudflats
淡水湿地の場合と同様に、河口域の泥質干潟に細粒の土砂がたまると、地表にさらされた泥地には新たな生育地を求める植物が移りすんで群落をつくる。

群落 Colonisation
また、潮汐と塩水というこの生息地の環境に引き寄せられ、12時間の潮汐サイクルのうち8時間まで塩水につかっていられる植物も生育し始める。

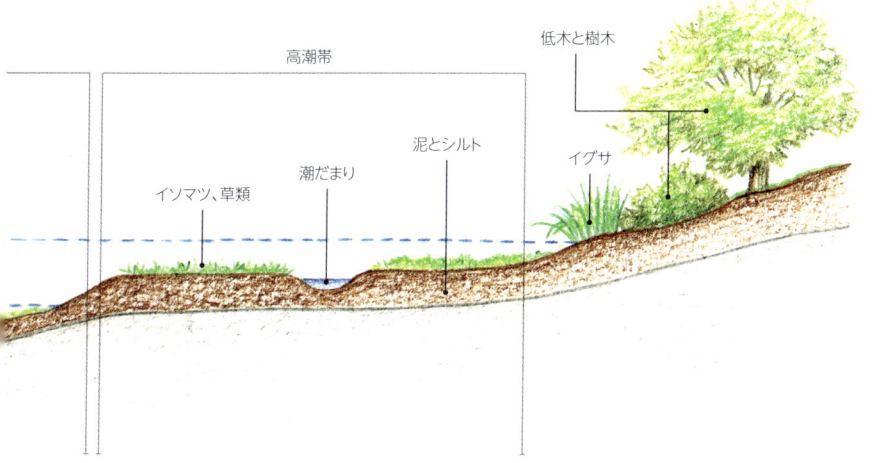

図中ラベル:
- 高潮帯
- 低木と樹木
- イソマツ、草類
- 潮だまり
- 泥とシルト
- イグサ

高潮帯の植物 Live by the sward
湿地の一部は高潮帯と呼ばれ、毎月の大潮満潮時のみ塩水につかる。この区域に生育するイソマツなどの植物が浸水に耐えうるのは、12時間中4時間のみとされる。

潮だまり Salt pans
湿地には塩水が寄せては引いていくが、干潮時には植生の間のくぼみに水がたまって潮だまりができる。水が蒸発した後には、くぼみの泥の上に塩類が残る。

塩原 *Saltflats*

塩原とは主に乾燥した砂漠地帯に見られる地形であり、プラヤとして知られる乾湖の湖底の一形態だ。この地域に時おり降る雨や地下水面の上昇により、盆地状の平らな土地に水がたまることでプラヤは形成される。やがて水が干上がると乾燥した沈殿物が後に残される。泥と高濃度の塩類が残った場合には塩原となる。

塩の大地
Salt of the earth
米国ユタ州のボンヌヴィル塩原。干上がったプラヤ表面にしばしば見られる多角形の割れ目は、水分の蒸発とともに泥が収縮してできたものだ。降雨と蒸発が繰り返されて地表面はなめらかになっていく。

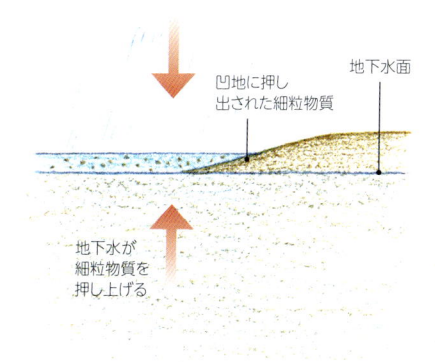

図中ラベル(左上):
- 凹地に押し出された細粒物質
- 地下水面
- 地下水が細粒物質を押し上げる

つかの間の湖 Temporary lake
乾燥地域の広い平坦地では、降雨や地下水面の上昇によって水は大きく浅い凹地に集まり、一時的に湖となる。

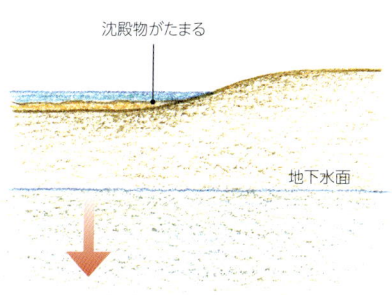

図中ラベル(右上):
- 沈殿物がたまる
- 地下水面

湖が干上がる Lake dries
その後長期にわたって降水がないと地下水の流れは引き、熱による水の蒸発で湖は徐々に干上がっていく。

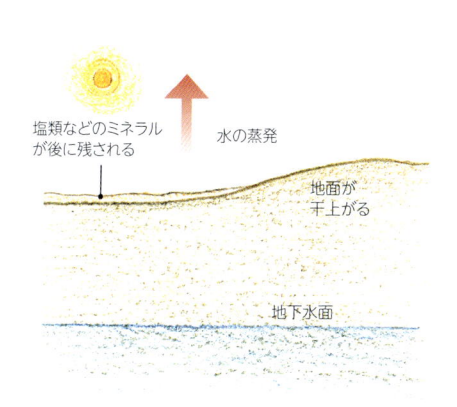

図中ラベル(左下):
- 塩類などのミネラルが後に残される
- 水の蒸発
- 地面が干上がる
- 地下水面

ミネラルの残積 Residual minerals
水が蒸発した後の地表には、泥、砂、シルトとともに塩類など高濃度のミネラルも残される。

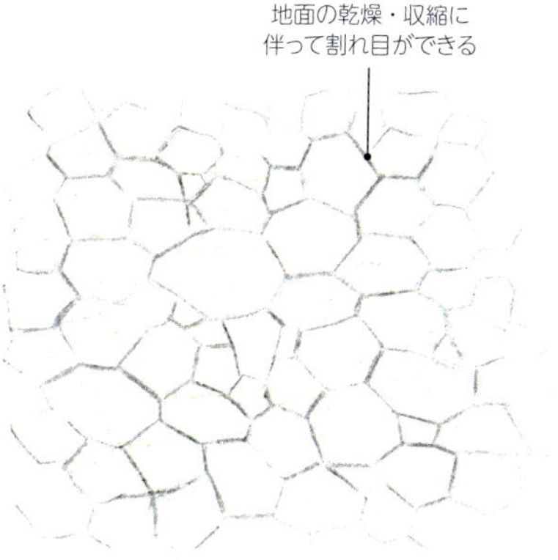

図中ラベル(右下):
- 地面の乾燥・収縮に伴って割れ目ができる

亀甲模様 Snap and crackle
地面が干上がると泥と塩の混合物は収縮し、しばしば表面に多角形の割れ目をつくる。塩は結晶化して割れ目を押しあげる。

湖 *Lakes*

　湖の大きさとその成り立ちは千差万別だ。多くの湖は、河川の流れ、降水、あるいは地下水が地面の大きなくぼ地に集まってできたものだが、その形成には通常いくつかの要因が関わってくる。つまり地形に何らかの変化が生じ、水源から流れ込んだ水が遮断されたときに湖が生まれる。次ページの図は、長い時間をかけて湖を形づくる数多い要因の一部を描いたものだ。湖は土砂の堆積や水の蒸発、湖畔の侵食といった作用によってやがては枯渇してしまうため、地質学的には短期的な地形とされる。

五大湖 Great Lakes
カナダと米国の国境にまたがる五大湖は、もとは地殻変動によって生じた谷の部分に位置している。後に氷河作用で谷はさらに深く削られ、やがて氷河の後退に伴う融氷水がくぼ地を満たして湖が生まれた。

火山湖 Volcanic lakes
活動を停止または休止した火山のカルデラに湖が形成される過程はすでに見てきた（p.65参照）が、この他にも溶岩流が川の水流をせき止めて湖ができることもある。

地すべり Landslides
谷壁の斜面崩壊で土砂が崩れ落ちて河川をせき止めた結果、こうした天然ダムの背後に湖が生まれる。

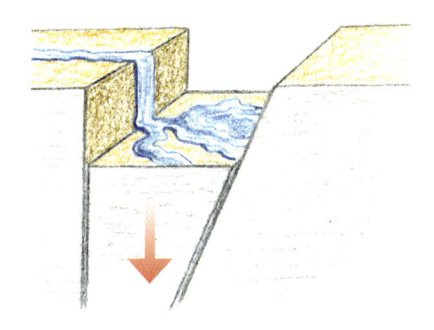

地殻変動 Lakes created by tectonic movement
たとえばプレート運動によって地面に生じた褶曲や下方への屈曲、あるいは断層によって生まれた地溝帯などの凹地が湖となる場合もある。

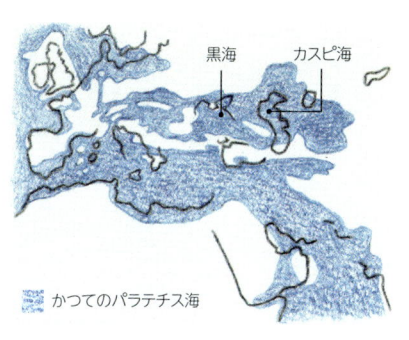

囲まれた海 Enclosure of a sea
海面の下降によって陸地が海を囲んでしまうことがある。黒海とカスピ海は、およそ500万年前の地殻隆起と海面下降の結果、取り残された水域とされる。

ランドスケープを読み解く **159**

COASTS 海岸のランドスケープ

イントロダクション *Introduction*

海岸の形成(右ページ)
Making the coast
海岸が急激にその姿を変えるのは、風と水による侵食と堆積、さらに化学的・物理的風化などの作用をつねに受けているからだ。

　これまで見てきたように、河川の流れはより大きな水域である海に近づくにつれて減速し、運搬してきた物質を平野や三角州などに下ろし始める。河川が砂礫などを河口に堆積させる一方で、海もまた沿岸に砂を積もらせていく。さらに海上の風と波による侵食作用は沿岸の地形にも影響を与える。このように海岸地域でも侵食と堆積という2つの相反する力がともに岩盤に作用し合ってさまざまな海岸線が形づくられている。

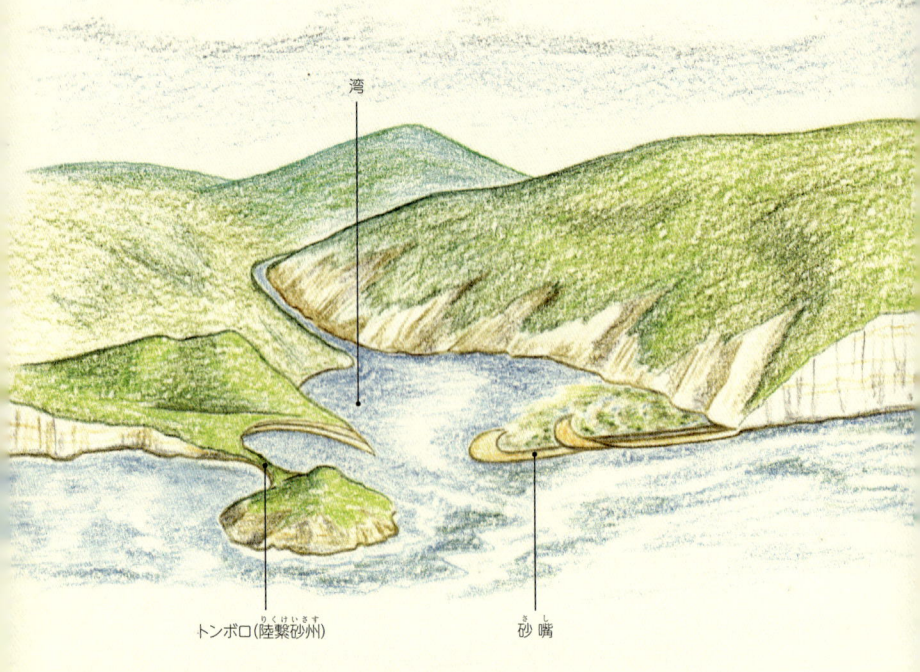

湾

トンボロ(陸繋砂州)　　砂嘴

160　ランドスケープを読み解く

岬

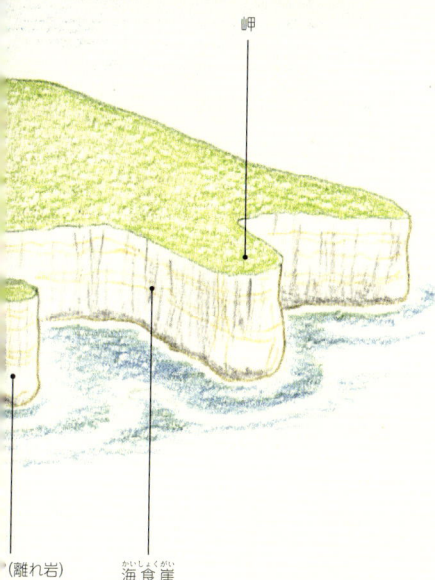

(離れ岩)　海食崖

時の流れ、潮の流れ Time and tides

地中の奥深くで新たな大地が生まれ、プレートの衝突で地面は隆起する。こうした地殻変動に伴う大地の形成と、その後の長期にわたる風化・侵食作用についてはすでに観察したとおりだ。大地が海に接するところでは運搬・堆積・侵食作用が絶え間なくはたらき、岩石などは運ばれ、積み重なり、風化していく。海上の風が起こす波と、さらに月と太陽の引力および地球の自転による潮汐力によって海面は移動する。また沿岸では潮の満ち引きと風のはたらきで海流が生まれ、波は海岸に打ち寄せては岩を細かく砕き、その砂礫を道具にしてさらに岩石を侵食していく。海岸沿いではたらくさまざまな作用、潮汐、岩石の種類などの異なる条件が組み合わさり、海流は砂粒を積もらせたり運び去ったりする。

ランドスケープを読み解く　**161**

海食崖 *Cliffs*

海岸線のあちこちに見られる切り立った海食崖は、侵食作用がもたらした代表的な地形のひとつだ。プレート運動や大規模な融氷時に起こる地塊の反動といった大きな力がはたらいて海面上に隆起した岩盤は、地表でむき出しになり、強大な自然の営力にさらされる。その後、荒々しく押し寄せる波に打ち砕かれ後退しながら、絶え間なくさまざまな侵食作用を受けることで海食崖がつくり出される。

断崖 Cliff face
英国ノーフォーク州北部ハンスタントンの海岸に見られる海食崖。力強く打ちつける波の猛威にさらされて絶えず崩壊している。

衝撃波 Shockwaves
風と潮流によって生じた波が陸塊に打ちつける。大きなエネルギーをもつ高波は地面に当たった瞬間に衝撃波を伝え、大地を揺さぶり岩盤を構造的にもろくしていく。

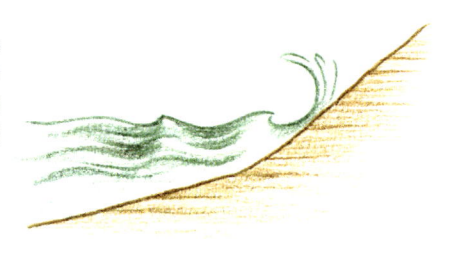

地すべり Landslides
シルトや粘土、石灰岩などのやわらかい地層から成る陸塊は、波の衝撃や海水の浸透、はげしい降雨などによって崩れ、地すべりや岩盤地すべりが引き起こされる。

溶食と溶流 Corrosion and solution
岩石の種類によっては（たとえば石灰岩など）、海水中の塩と炭酸に溶解する。また塩の粒子は蒸発する際に結晶となって体積を膨張させ、岩の割れ目をこじあけていく。

削剥 Abrasion
崖の表面から岩が砕け落ちると、小さな岩片は海水中の砂や小石、巨礫と一緒になって岸壁に打ち当たり、崖の表面をいっそう削り落としていく。

ランドスケープを読み解く **163**

海食洞 *Caves*

海食洞 Sea cave
ポルトガルの海岸沿いの崖下にできた海食洞。強固なまわりの地層に支えられて崩れるにはいたっていないが、それも時間の問題だろう。

　前ページでは、海が陸塊の縁を攻撃して断崖が形づくられる様子を観察した。こうしてできた海食崖の中には、時に洞穴が認められる。崖下の根元に掘られた海食洞は、やはり岩石のもろい部分を集中的にはげしく削剥・溶食する波の作用によって形成されたものだ。また、崖の高所に見られる海食洞は、はるか昔に侵食された頃には海面が洞穴と同じ高さにあったあかしである。

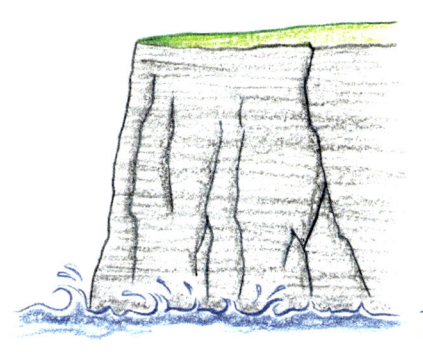

割れ目 Cracks
繰り返し打ちつける波の圧力で崖の軟弱部に縦の亀裂があき、岩石に割れ目や節理、裂け目などが生じる。

侵食 Rock breakdown
波の力が最大となる崖の基部では侵食作用によって徐々に割れ目が広がり、崖下に大きな穴があく。

洞穴 Cave
こうしてやがて海食洞ができる。侵食されにくい岩質の場合、洞穴まわりの形はそのまま保たれ、侵食・風化が進んで崩れ落ちるまでには時間を要する。

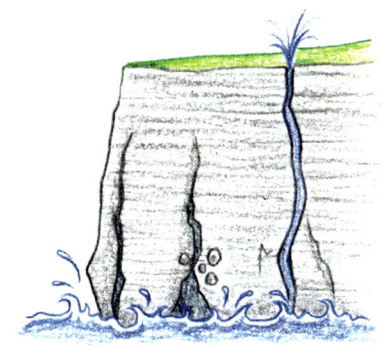

ブローホール Blowholes
侵食によって崖にできた細長い裂け目に、波の威力が集中する場合がある。波は岩の裂け目を通って空気を押し上げ、ブローホールと呼ばれる噴気孔があく。

ランドスケープを読み解く

波食棚 *Shore Platform*

**海岸の
プラットホーム**
Platform game
ウェールズ南部、グラモーガンの海岸では波が崖を侵食しつくした後に波食棚が残された。崖の前面から海へとつながる空間に棚状の地形が広がっている。

　ごつごつした岩の断崖の根元から、平坦な、より正確にはきわめて緩く傾斜しながら海までのわずかな奥行きで伸びている岩場がある。この地形は海食崖の後退によって生まれ、続いて波が岩盤表面の岩片を洗いながらさらに溶食・侵食を進めて削り出した波食棚だ。崖の後退に伴い、波は棚の奥へ奥へと侵入してエネルギーを消散させる。こうして波食棚が形成されると、波の侵食作用は徐々に崖にまでおよばなくなっていく。

崖の侵食 Cliff attack
波が海面付近とその上の岩をはげしく打ちながら崖を溶食・削剥し始める。岩は徐々に侵食され、砕けて崩れ落ちる。

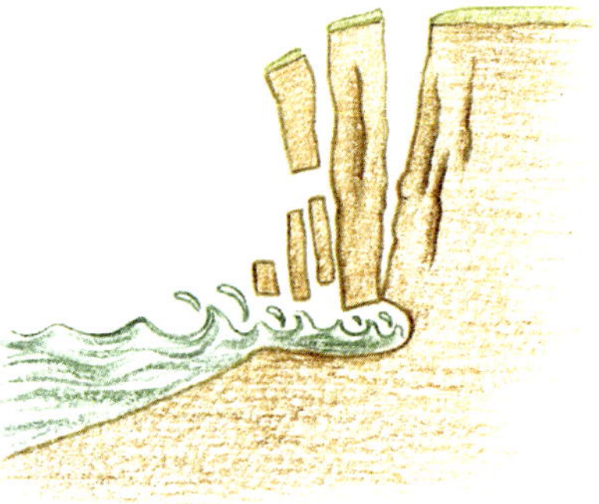

崩 壊 Rock fall
波の威力と塩の作用で岩がもろくなるため、崖に割れ目が生じて崩壊し始める。新たに削り取られた岩棚の上に岩片が落ちる。

波食棚 Platform
とくに暴浪時には波の威力で岩は砕かれ、崖の岩肌から落ちた岩片は洗い流される。潮が引くと、こうして新たに削られた平坦な岩のベンチ（波食棚）が現れる。波食棚は崖の根元から緩斜面を成して伸び、徐々に下って海へとつながっていく。

ランドスケープを読み解く *167*

湾と入江 *Bays & Coves*

多くの海岸線では、岬と湾とがかわるがわる展開する風景がつながっている。湾や入江（丸くくり抜かれた独特の形状をした湾）は、海岸線の地層の軟弱部が海の侵食作用によって削られてできた自然の港だ。こうした地形上の弱線は侵食されやすい岩から成り、他よりも早く砕けて削り取られる。入江の両側で向き合うように岬ができると、波の侵食力は今度は岬に集中するようになっていく。

ラルワース・コーブ
Lulworth Cove
入江と呼ばれる丸い湾の中でも、その特徴を顕著に表しているのが英国ドーセット州のラルワース・コーブだ。波は侵食されにくいポートランド岩の壁に割れ目をつくり、背後に広がるやわらかい粘土質の地形を洗って円形の湾をつくり出した。

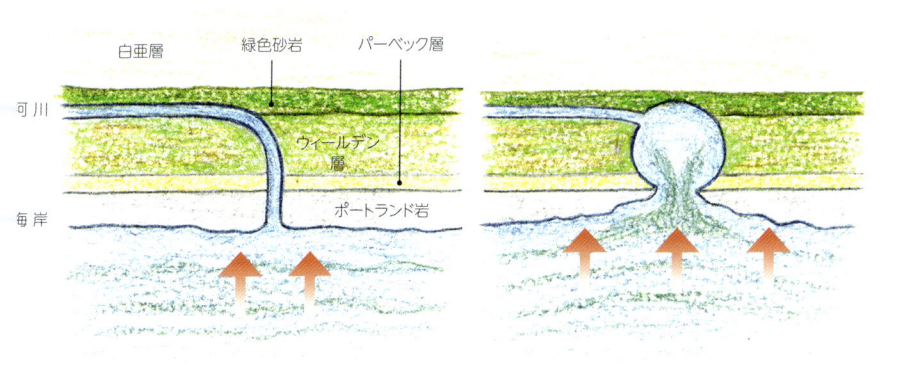

河川　　白亜層　　緑色砂岩　　パーベック層

海岸　　　　　　　　ウィールデン層　　ポートランド岩

軟岩 Soft rock
波が岸にぶつかり、侵食されやすい岩の露出部分は溶食や削剥などさまざまな侵食作用を受ける。

洗掘 Wash-out
岩は砕け、満潮時や大しけになると新たにできた湾に波がなだれ込む。風化岩石は洗い流されてやわらかい地層がさらにむき出しになる。

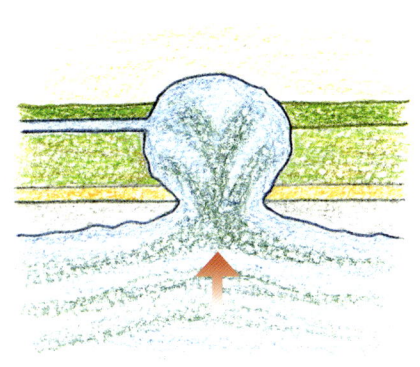

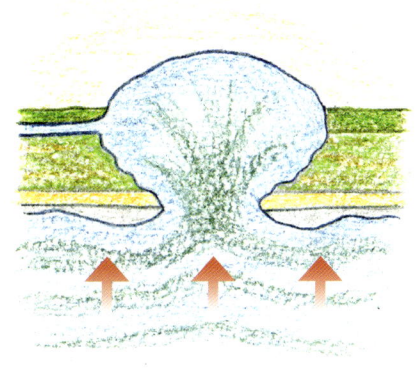

湾口 Back of the bay
湾が開口するにつれて波の威力は徐々に消散する。こうして侵食力が弱まると、湾内には砂礫が堆積していく。

側方へ Going sideways
やがて波の威力は岬の側方に向かうようになる。波は岬にぶつかって偏向し、円形の湾を削り出して入江ができ上がる。

ランドスケープを読み解く　**169**

岬 *Headlands*

　岬の多くは、軟岩層や自然にできた地層の軟弱部にはさまれた侵食されにくい岩石層から成り、それが海に向かって突出した地形となったものだ。波の威力は、最初は侵食されやすい地層に集中して湾と入江をつくり出す（p.168-169参照）が、やがて侵食作用の矛先は細長く突き出た岬へと向かい、次第に岩石を風化・侵食してついには完全に洗い流していく。

いにしえの岬
Old headland
英国ドーセット州スタッドランドの有名なオールドハリーロックス。残存している古い白亜質の岬もやがては海に洗われていく。崖の根元から伸びていた浅い波食棚が、青い海の表面に今も見え隠れしている。

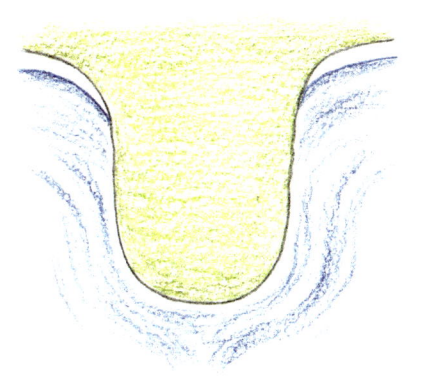

波力 Wave force
これまで見てきたように侵食作用によって湾が開口し、波の威力が消散するに伴って砂礫の浜ができる。

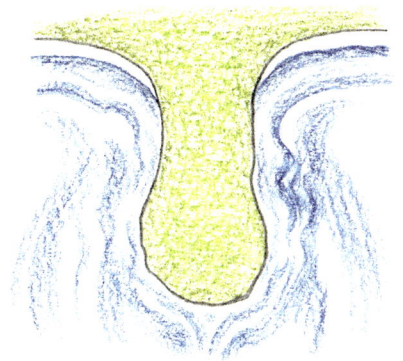

露出 Exposed
海に張り出した岬を波が取り囲んで突出部分の側面をはげしく打ちつける。こうして侵食の度合いは加速していく。

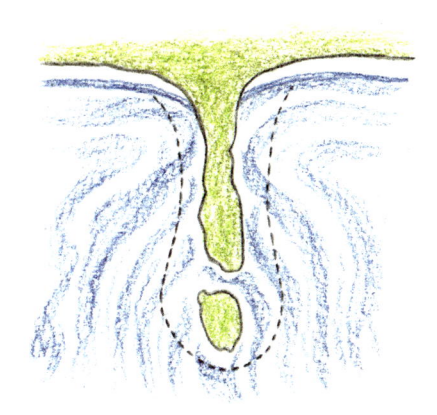

細くなる Narrow
岬の側面にある軟弱部は著しく侵食されて海食洞（p.164参照）やアーチとスタック（p.172参照）が生まれる。やがて岬はやせ細っていく。

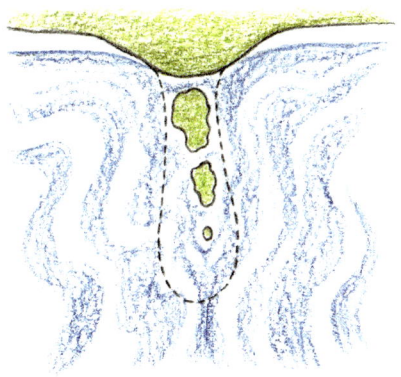

分離する Breaking up
岩のもろい部分が侵食作用で砕け、岬から切り離される。こうして岬に残された地形は海面下の浅い岩場だけとなる。

アーチとスタック（離れ岩）
Arches & Stacks

エトルタの離れ岩
Stack and arch
印象派の画家たちに愛されたことでその名が知れ渡った、フランスのノルマンディー地方エトルタの離れ岩とアーチ。かつてはイギリス海峡へと伸びていた岬の残された姿だ。

　岬の先端につかまるような形のごつごつした岩体は、海の侵食力を示す紛れもない証拠であり、海食作用のプロセスがはっきりと現れている地形だ。大きなアーチのそばにスタックと呼ばれる岩の塔がしばしば見られるが、これらはどちらもかつて海へと張り出していた岬の名残である。波が岬を取り囲んで両側から繰り返し打ちつけた結果、ついには現在見られるような残存地形となった。

岬の形成 Headland
波の侵食作用によって強固な岬の岩石も徐々に削られ (p.170-171参照)、やがて細長く海に突き出した崖となる。

アーチ形 Arching out
崖の両側面に波が繰り返し打ちつけることで崖下に洞穴ができる。洞穴は徐々に奥深く掘られて岬を貫通するトンネルができ上がる。

塔の孤立 Stacking up
岩体がアーチの天井部分の荷重に耐えられなくなって崩壊し、後には岩の塔が取り残される。

塔の崩落 Falling tower
塔の基部と側面は波の力によって、頂部は雨と凍結によって侵食され、やがてスタックは海へと崩れていく。

浜と砂丘 *Beaches & Dunes*

ライフズアビーチ
Life's a beach
砂浜は乾燥した陸地を海から隔てる分離帯の役割を果たす。干潮のわずかな時間を除き、ふだんは大地と海とのはざまのほんの一部だけが波の上から垣間見られる。

　これまでは侵食という削り取る作用によってつくられた海岸地形を観察してきた。だが、多くの人にとってもっともなじみ深い海岸といえば、堆積地形である浜（砂浜海岸）だろう。浜とは、海の水深が浅くなったところで波の力が弱まり、運搬できなくなった砂や礫、小石を積もらせてできた地形だ。したがって浜の形状は、岸に寄せくる波の方向と強さ、そして岸に堆積される砂礫の粒径によってさまざまに変化する。

汀段

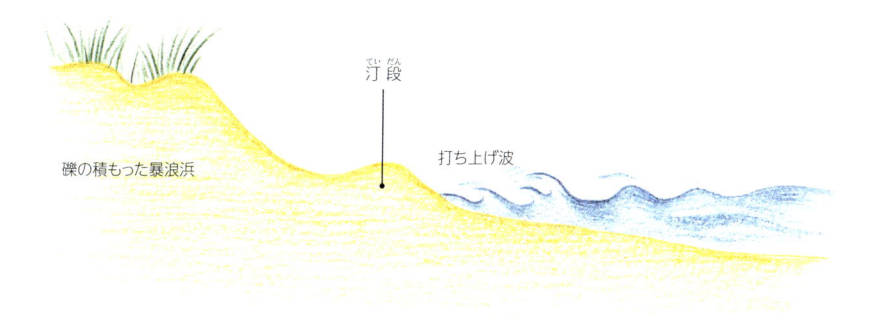

礫の積もった暴浪浜

打ち上げ波

堆積作用 Deposition of sediments

上下よりも前後に大きく振れる波は、運搬力よりも堆積力が大きい「堆積波」だ。一方、高く上がった波が浜から大量の砂礫を搬出する場合は「破壊波」と呼ばれる。礫や小石のたまった礫浜は砂浜よりも急傾斜を成すが、これは粗い粒子は波によって簡単に洗われた後、浜に戻ることがないためだ。また、礫浜のもっとも高い位置にあり暴浪浜と呼ばれるところには、大波によって粒径の大きな礫が打ち上げられる。

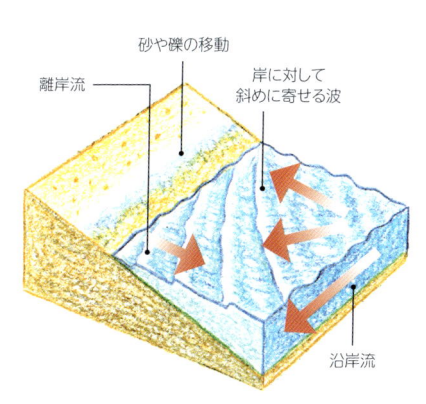

砂や礫の移動
離岸流
岸に対して斜めに寄せる波
沿岸流

突堤

波の形成 Wave-formed

波は浜に対して斜めに寄せながら水深の浅くなったところで速度を落とし、高まりとなって合流する。さらに浜へと前進して「打ち上げ」、斜めの角度で砂礫を吐き出した後、エネルギーを弱めて沖へと引き返していく。

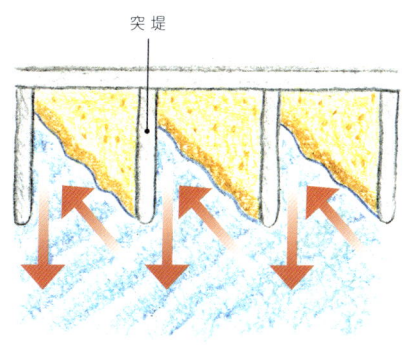

沿岸漂砂 Longshore drift

こうした波の作用によって砂礫の粒子がもち上げられ、海岸線に沿って移動する。観光地では浜辺の侵食を防ぐため、砂浜にはしばしば突堤が設けられる。

砂嘴 *Spits*

砂嘴は浜と同様に堆積地形であり、海から打ち上げられた砂礫の量が波の運搬能力を上回った場合に形成される。砂や小石、あるいはその両方が細長く堆積してできた砂嘴は本土から海へと張り出し、多くは湾やエスチュアリーへと伸びていく。砂嘴ができ上がり、浅瀬の潮間帯が広く潮流から守られるようになると、砂嘴の背後には堆積層が生まれてしばしば塩水湿地 (p.154参照) となる。

ブレイクニーポイント
Blakeney Point
英国ノーフォーク州ブレイクニーポイントの砂嘴の眺望。その姿は砂嘴の形成過程をはっきりと物語っている。強風と波浪が長く続いた結果、湾内に押し戻された砂礫がかぎ状に堆積している。植生の発達によって砂嘴の土手部分はさらに安定したものとなった。

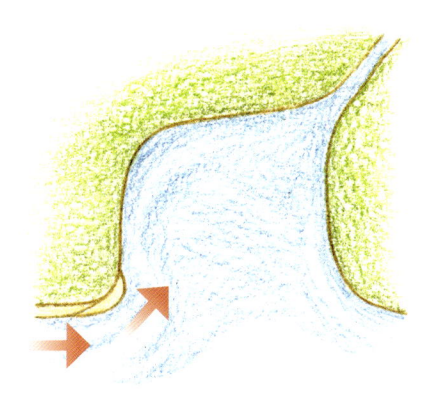

砂嘴の始まり Spit starts
沿岸漂砂によって中礫、礫、砂などがもともと岬だった場所を越えて運搬され、浅瀬で水流の弱まったところに堆積する。

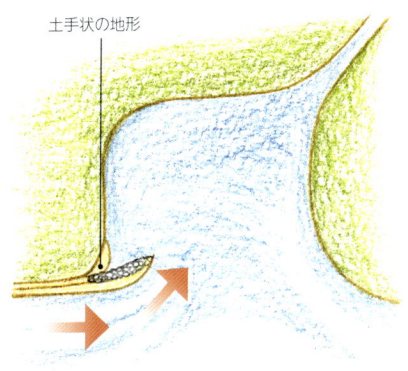

暴浪時 Storm force
暴浪や高潮時には大きな礫や石が大量に打ち上げられ、侵食されにくい土手のような地形の高まりができる。

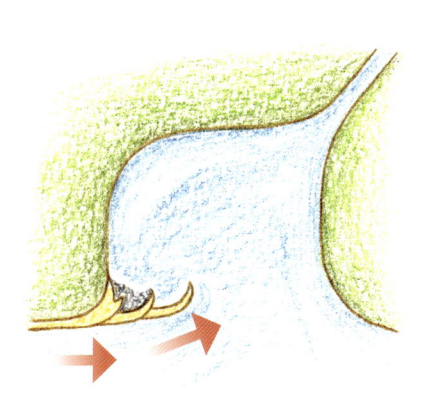

土手状の地形

かぎ状の潮口 Hooks
やがて伸張した砂嘴は、高潮や暴風による偏向した波の力でかぎ状の地形となり、小石や中礫をさらに内海側に堆積させる。

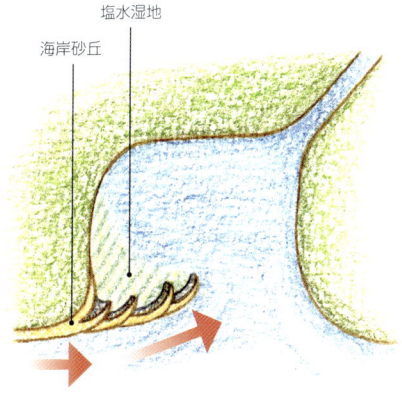

海岸砂丘 Dunes
低潮時には、浜の乾燥した砂粒が風に飛ばされて内陸部に積もることで海岸砂丘と塩水湿地ができる。植生が発達して砂嘴が安定した地形となる。

塩水湿地
海岸砂丘

砂州とトンボロ（陸繫砂州）
Bars & Tombolos

砂州とは、2つの岬をつなぐ湾を囲むように砂や小石が堆積した浜だ。砂州は自然の堤となって潮汐から内海を保護し、時には湾全体をぐるりと取り囲んで潟湖をつくり上げる。他の形状の浜と同じように砂州も波の影響を受けやすく、海がおだやかなときには砂礫が堆積するが、大しけになると砂礫が洗われて砂州を決壊させることもある。複数の島どうしを結んだり、島と本土とを陸続きにつないだりする地形は、砂州の一形態でトンボロと呼ばれる。

チェジルビーチ
On Chesil beach
長く伸びたチェジルビーチの沿岸州は、ポートランド島と英国本土のドーセット州とをつなぐトンボロとなっている。

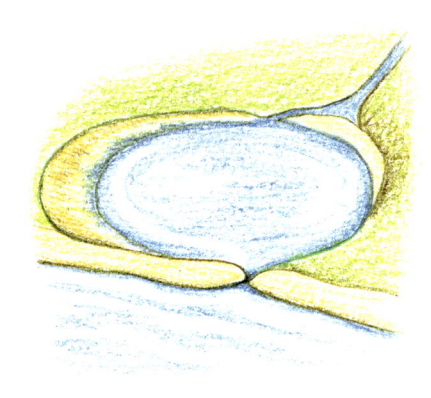

湾を囲む Bay watch
海流によって沿岸に運ばれた砂礫が湾の開口まわりに堆積し、対岸をつなぐ湾口砂州ができる。

潟湖の形成 Called to the bar
砂嘴の場合と同様に、海の流れがおだやかになると砂や小石が堆積して砂州となる。沿岸漂砂によって海岸と平行に砂州が形成される場合も多い。

トンボロ Tombolos
たとえば本土と島との間のように2つの陸地間のおだやかな潮流域では、砂や小石が堆積して陸地を結ぶトンボロができる。

堡礁島ほしょう Barrier islands
遠浅の地形では海岸線と平行に砂州がつくられる。このように細長く連なってできた堡礁島は、米国東海岸やガルフ海岸などに見られる。

ランドスケープを読み解く **179**

サンゴ礁 *Reefs*

沿岸のサンゴ礁
Coastal reef
オーストラリア北東部クイーンズランドの海岸に広がるグレートバリアリーフ。この世界最大のサンゴ礁地帯は2900を超えるさまざまなサンゴ礁から形成されている。

　サンゴ礁は水深が浅く水温の高い海に見られる海岸地形であり、水生生物の殻などが厚く重なったかたい層とサンゴの分泌物から成る石灰岩でできている。多くの生物にとってサンゴ礁は貴重な生息地だ。中でも藻類は組織の中に共生し、遺骸となって蓄積される。サンゴ礁は海岸沿いや、大きな礁湖(ラグーン)を隔てて海岸に平行して発達する。現在、その世界最大規模のものはオーストラリア沖のグレートバリアリーフに見られる。また、環礁と呼ばれる島もサンゴ礁の一形態である。

サンゴ

群体ができる

サンゴの群体 Reef build-up
サンゴの群体の発生は、自由遊泳動物のサンゴポリプが島の縁や海岸線で水中の岩に付着することから始まる。ポリプは無性繁殖してサンゴの群体を成し、徐々に礁へと成長して他の生物も引き寄せるようになる。もっとも一般的なタイプの裾礁(きょしょう)は海岸に沿ってつくられ、ゆっくり沖合へと発達していく。

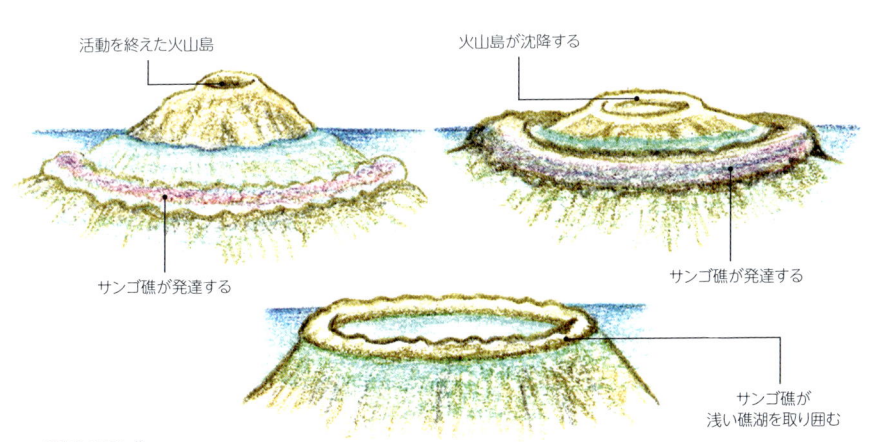

活動を終えた火山島

サンゴ礁が発達する

火山島が沈降する

サンゴ礁が発達する

サンゴ礁が浅い礁湖を取り囲む

環礁の形成 How atolls form
環礁とは、サンゴが丸い環のような島となって真ん中に礁湖をたたえたものをいう。生物学者のチャールズ・ダーウィンがその発達過程を最初に提唱し、基本的には現在もこの説が支持されている。ダーウィンの仮説では、まず火山体のまわりに堡礁が発達する。その後、火山島の沈降または海面の上昇、あるいはその両方によって浅い礁湖を取り囲むように環状のサンゴ礁が残り、礁湖の底部には古いサンゴが堆積する。

ランドスケープを読み解く *181*

海面変化による影響
Effects of Changing Sea Level

COASTS
海岸のランドスケープ

隆起した海岸線
Raised coastline
米国カリフォルニア州ビッグサーコーストのマックウェイ滝。海面よりはるか上方に刻まれたV字の懸谷から滝が流れ落ち、川の侵食速度よりも陸地の隆起が速く進んだことを物語っている。

　海岸線は大きな営力のもとにさらされている。たとえばプレート運動によって陸塊は隆起し、氷期には大量の海水が巨大な氷床となるため地球全体の海面は下降する。さらに、長期にわたる気温上昇によって氷床が融けると海面は上昇するが、一方でどっしりと上にのっていた氷床の荷重が減るために大地はふたたび隆起する。これらの変化すべてが海岸地形に影響をおよぼしている。こうした海岸沿いの特徴として、多くの離水海岸では岸壁の頂にかつての浜にあたる地形が残存している姿が見られる。

沈水海岸 Submerged coasts

これまで見てきたエスチュアリーやリアス式海岸、フィヨルドなどは、海面の上昇や地盤の沈降、あるいはその両方によって形成された海岸地形であり、沈水海岸または沈降海岸と呼ばれる。小山など起伏の多い地形が沈水すると、頂の部分だけが海面上に点在した多島海となる。

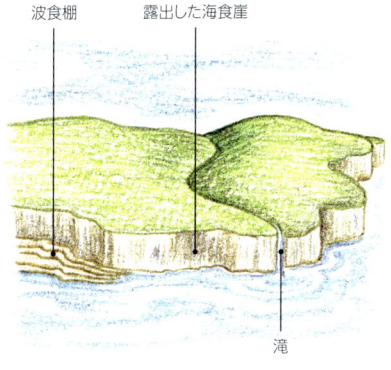

波食棚　露出した海食崖

滝

離水海岸 Emergent coasts

一方、太平洋岸のような隆起海岸または離水海岸と呼ばれる地形は、海面の下降や地殻変動などによる地盤の隆起、あるいはその両方によって生じる。このような海岸にしばしば見られる幅広い階段状の波食棚（p.166参照）から、海面が現在よりも高い位置にあったかつての様子がうかがえる。

KARST
カルスト地形

イントロダクション *Introduction*

カルスト地形
Karst landscape
土壌と植生によって炭酸ガスを取り込んだ水が、石灰岩地層の表面やその中を通って流れる。酸性水に溶けた岩片が流されて侵食が進んでいく。

　景観を大きく特徴づける地形や地勢について、これまでは岩石の組成ではなく、展開される地理的な場所ごとに観察を進めてきた。しかしこの枠組みとは別に、カルストと呼ばれる地形については特筆すべきだろう。カルストとは石灰岩などのように透水性の岩盤地帯に見られ、大量の雨水や地下水による侵食を受けやすい地形をいう。こうした溶食作用の結果、カルスト景観ならではの独特の地形がつくり出される。

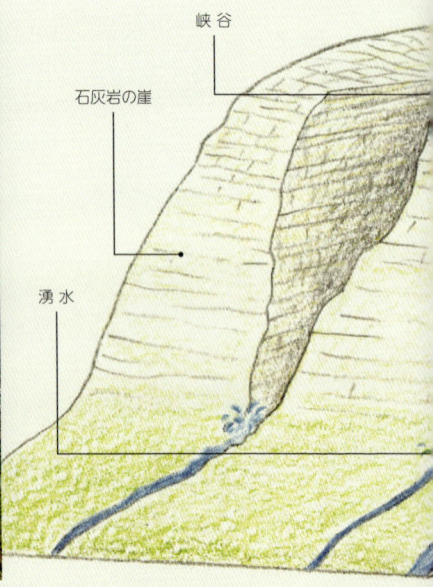

峡谷
石灰岩の崖
湧水

溶けた世界 Dissolved world

石灰岩は小さな貝殻と海洋生物の骨格が多数集まってできた岩石だ。岩質はかたいが、地層全体にすき間や割れ目が存在するため透水性となる。また石灰岩は溶けやすく、化学的風化を受けやすい。雨水と地下水には多量の炭酸が溶け込んでいるため、石灰岩質の地表に雨が降り注ぐと炭酸の作用で岩を溶かしながら地面へとしみ込んでいく。このような溶食作用の結果、シンクホール（地表の穴）、かれ谷、峡谷、鍾乳洞、石灰岩舗石など、石灰岩地形に独特の景観が生まれる。

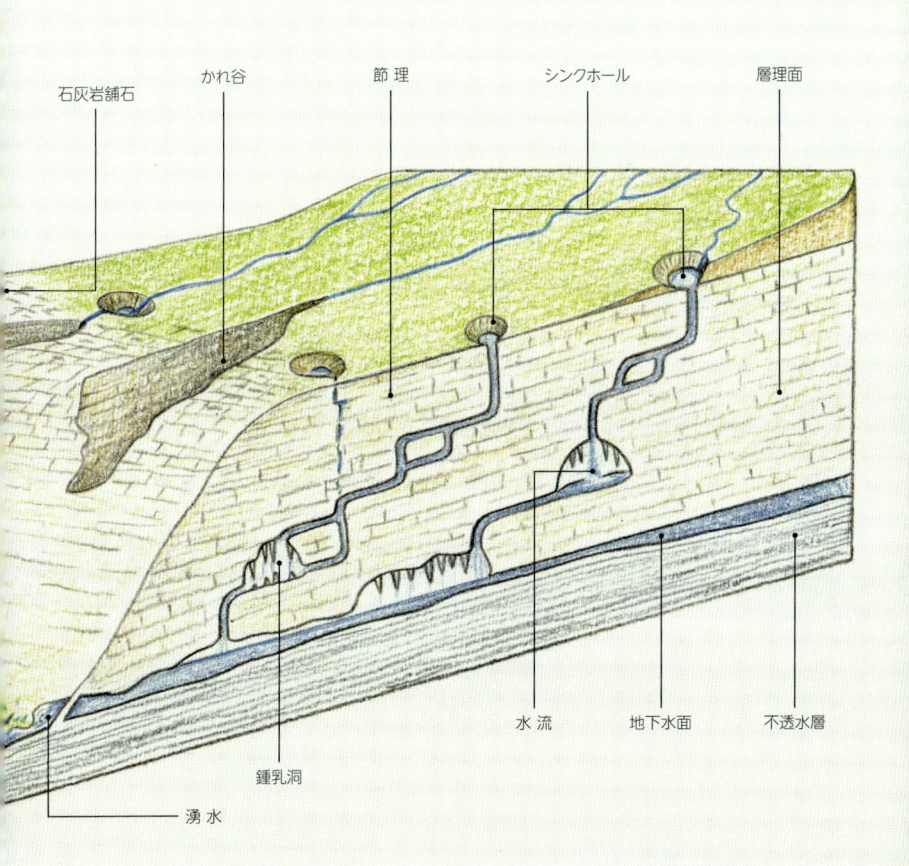

カルスト地形の発達
Karst Landscape Evolution

カルストの塔
Karst towers

中国の広西壮族自治区陽朔（ヤンシュオ）に見られる塔状カルスト。多雨と植生の発達によってこの地域が広範囲に侵食された結果、突出した地形が後に残された。

　雨水が石灰岩質の地層の割れ目や節理に入り込んで徐々に溶食が進み、長い年月をかけてカルスト地形が形成される。やがて大地が削られて低平な地形へと移行すると、石灰岩の下の侵食されにくい地層が現れる。カルスト地形の発達のサイクルは、シンクホールの形成、凹地の広がり、侵食に伴う峰と谷の形成、そして平坦化という4つの段階に大別できると考えられている。

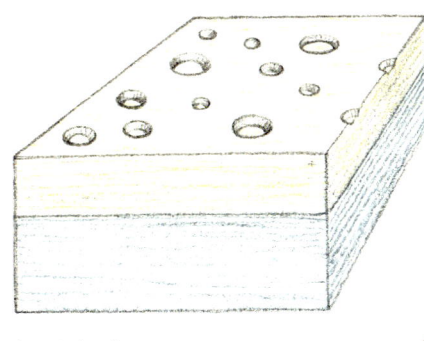

穴の拡大 Large hollows
やがて水の溶食作用で穴は大きくなり、「コックピット」と呼ばれるくぼ地ができる。くぼ地どうしが合体してさらに巨大化する。

シンクホール Sinkholes
岩石の割れ目や節理に水が入り込んで地面に穴をあけ（シンクホールに関してはp.190を参照）、徐々に岩を溶かしながら地下深くへと浸透していく。

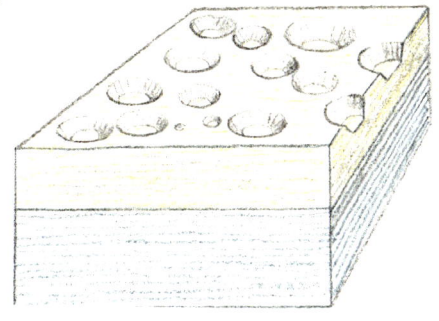

峰と谷 Peaks and valleys
時間とともに斜面の部分が侵食された結果、低く平らな地面と小さく突出した孤立峰とが点在する地形となる。

開けた平野 Open plains
水の溶食作用で地面はゆっくりと平坦になる。広い平原にはかつて標高が高かった頃の名残の峰がぽつぽつと孤立して残される。

ランドスケープを読み解く

洞穴、洞窟、鍾乳洞
Potholes, Caves & Caverns

　石灰岩の風化・侵食を引き起こす主な媒体は地表や地下を流れる水だ。これまで、水が容赦なく地形の軟弱部分を侵食して徐々に斜面をうがち、できるだけ速くより低い地面へと流れていく過程を見てきた。同様の作用が石灰岩やカルスト地形のような侵食されやすい地域ではたらくと、水は石灰岩の割れ目や節理に流れ込み、ゆっくりと岩石を溶かして大きな穴をつくり出していく。

カルスト地形の湧水
Karst spring
フランスのジュラ山脈に見られる石灰岩の崖。崖下の洞穴から湧き出ている水がルー川の水源となる。

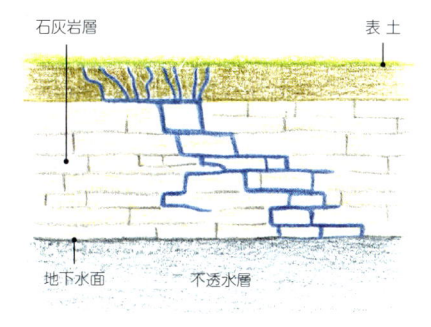

図中ラベル（左上図）: 石灰岩層、表土、地下水面、不透水層

地下の水流 Flowing underground
河川や地下水が石灰岩質の地層に流れ着くと水はすばやく割れ目や節理を見つけ、層理面に沿って流れながら岩石を溶かして侵食していく。

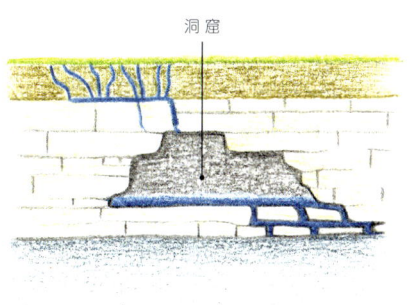

図中ラベル（右上図）: 洞窟

洞穴と洞窟 Potholes and caves
石灰岩が酸性水に溶けて割れ目は大きくなり、洞穴と地下水路が開かれる。とくに洪水時には地下に水がたまり、岩石は溶かされ侵食されて洞窟や鍾乳洞ができていく。

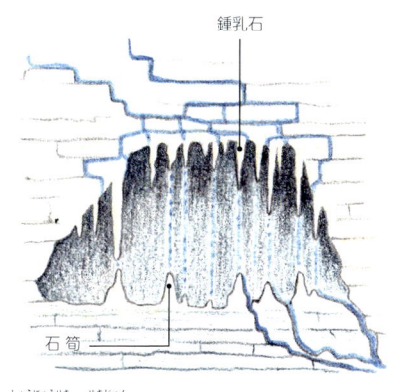

図中ラベル（左下図）: 鍾乳石、石筍

鍾乳石と石筍（しょうにゅうせき せきじゅん） Stalactites and stalagmites
水に取り込まれた炭酸が石灰岩の成分である炭酸カルシウムと反応する。この水溶液が洞穴に滴り落ちると二酸化炭素は大気中に放出され、蒸発した溶液が結晶化する。こうしてできた結晶から鍾乳石と石筍がつくられる。

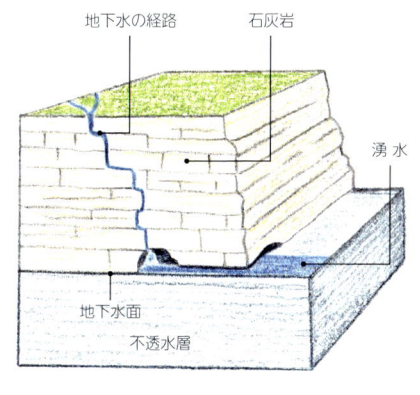

図中ラベル（右下図）: 地下水の経路、石灰岩、湧水、地下水面、不透水層

湧水 Spring
地下水が流下して石灰岩下の不透水層に達すると、今度は地層と平行に流れ、たいていは石灰岩と不透水層との境界部分で地表に湧き出る。

ランドスケープを読み解く **189**

シンクホール *Sinkholes*

　シンクホールとは、石灰岩やカルスト地形の地面にあいたすり鉢状の穴だ。ドリーネとも呼ばれるこの地形は、単独のものもあれば群を成して現れるものもある。形成年代の「若い」カルスト地形でドリーネが数多く見られる場合、やがてその地域の地盤はすっかり侵食されていくことを意味している。シンクホールの形成には、岩の軟弱層を溶かす水の溶食作用、岩の崩壊による陥没という2種類の過程がある。また、シンクホールの中に岩屑が積もった結果、水が浸透できなくなって小さな湖が生まれる場合もある。

シンクホール
Sinkhole

シンクホールには、水が石灰岩を溶かして侵食していく経緯が現れている。地面にできたすり鉢状の凹地は石灰岩地域には一般的であり、その下の地層がやがて溶食されていく様子を浮き彫りにしている。

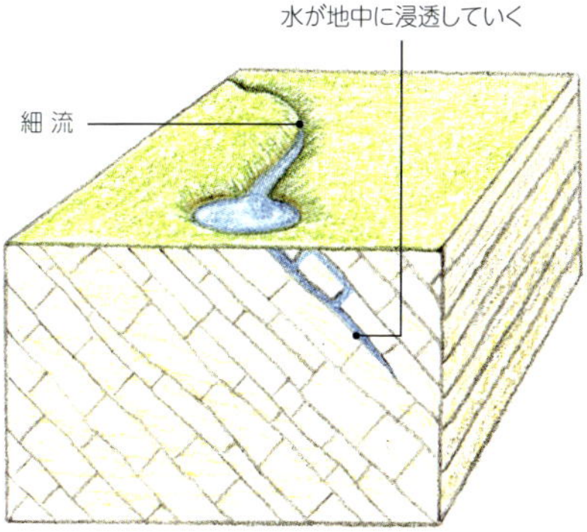

割れ目を下る Down the cracks
水が地表や地中を流れて石灰岩層に到達する。地層が斜めに傾いている場合、水は層理面を通って節理や割れ目を侵食していく。

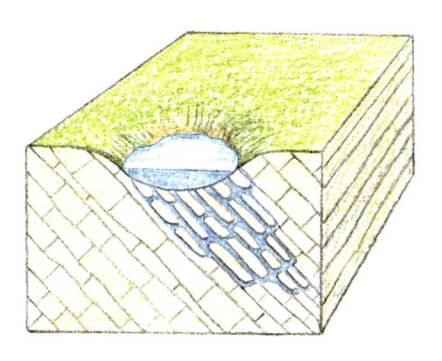

凹地ができる Indentation
水は徐々に石灰岩を溶かしながら地下へと流れ込む。地表には凹地が生まれ、さらに水がたまっていく。

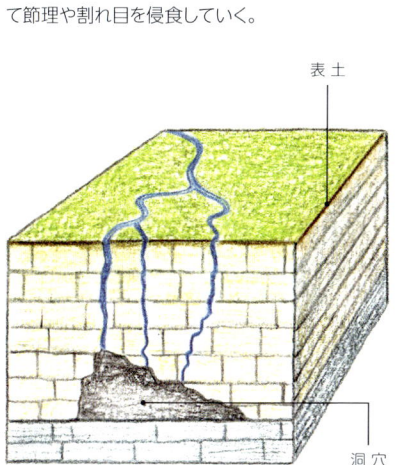

地下の空洞 Underground cavities
上部の土壌と岩石層に地下水がしみ込む。地下水は石灰岩層を溶かして割れ目を広げ、地下に空洞をつくり出す。

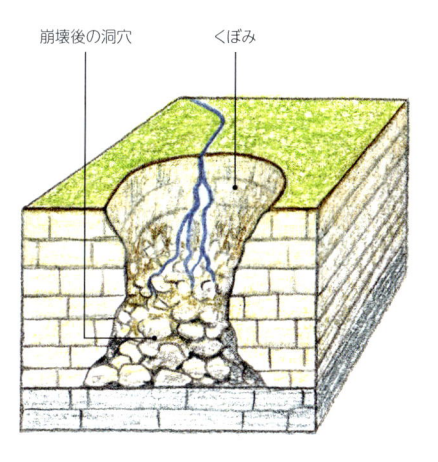

崩壊する Collapse
上層の土壌や岩石層は徐々に洗い流され、ある一線を越えると地面は突然崩壊して地下の洞穴へと崩れ落ちる。

ランドスケープを読み解く *191*

石灰岩のアーチ *Limestone Arches*

ポンダルク
Limestone arch
南フランスのアルデーシュに見られる石灰岩の天然橋、ポンダルク。侵食された岩体が自身の荷重に耐えられなくなれば、やがてこの景勝地のアーチも崩壊していく。

　石灰岩地域の景観には自然にできたアーチ型の地形も見られる。形や大きさはさまざまなアーチだが、基本的にはすべて地層を通って流れる水の溶食作用がもたらした残存地形だ。これらはやがては洞窟や鍾乳洞 (p.188-189参照) へと移行していく。このようなアーチを見ると、石灰岩層とその下の不透水層との間を地下水が通り、崖の根元を出口として流れ出した水の経路をうかがい知ることができる。

石灰岩　　　地下水面

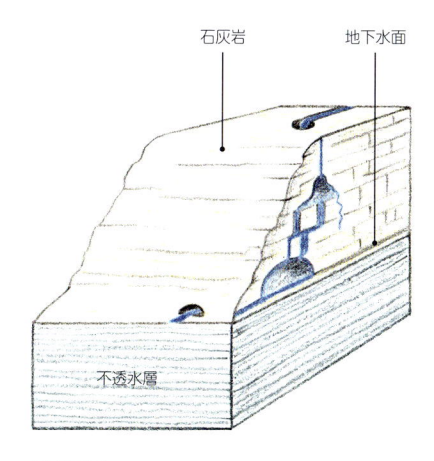

不透水層

穴があく Excavation
これまで見てきたように水は地下の石灰岩層を通って流れ、溶解と侵食の作用で地中に水路と洞穴をつくり出す。

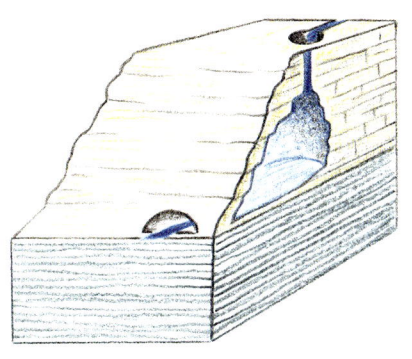

空洞化 Cavernous
洪水時には大量の水が洞穴に押し寄せることで侵食作用は加速する。石灰岩層は溶け、岩片が流される。

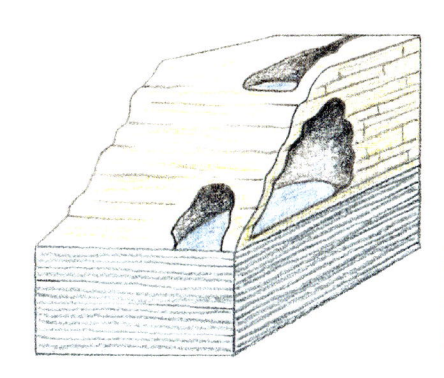

トンネルの最期 End of the tunnel
水流によって石灰岩層の溶解・侵食が進むと地下の洞穴は大きくなり、やがては天井部を支えきれなくなって崩壊にいたる。

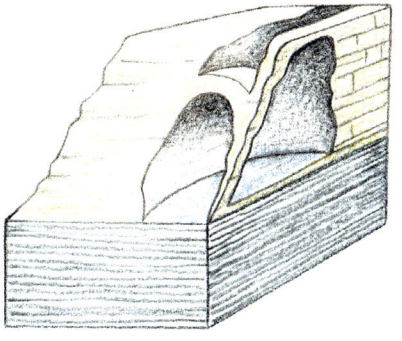

アーチ Arch
岩のアーチは昔の地下トンネルが残存地形として残ったものだ。しかしやがて重みに耐えられなくなると、アーチもまた崩壊する。

ランドスケープを読み解く

石灰岩舗石 *Limestone Pavements*

　石灰岩が露出した部分に長い亀裂が入り、モザイク状に表面の平らな岩が並んだ人造の舗道のような地形がある。これは表層を覆っていた土壌が氷河作用などで削り取られた後、石灰岩層が雨水にさらされた結果生まれた地形だ。やがて雨水は石灰岩の節理と亀裂に入り込んで侵食を進め、割れ目に沿って岩を溶かしながら水流網をつくり出した。

乱れ敷
Crazy paving

英国ヨークシャー地方の有名な石灰岩舗石。岩の間の亀裂や空隙（くうげき）がゆっくりと広がり、雨水によって風化された跡がブロック状の石灰岩表面に見られる。こうした割れ目は希少植物の格好のすみかとなっている。

むき出しの地層 Layer exposed
氷河が融けるときに表層の土壌は削り取られ、石灰岩が風雨にさらされる。水が石灰岩層の亀裂と節理にしみ込む。

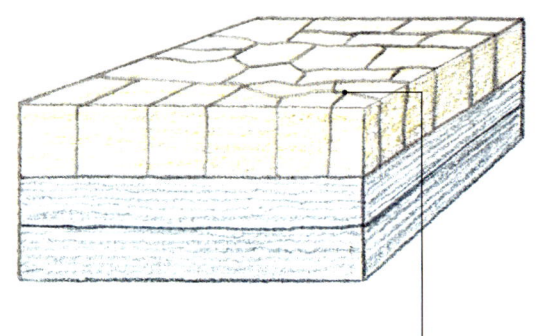

露出した
石灰岩層の表面

溶 解 Dissolution
水に取り込まれた炭酸がアルカリ性の石灰岩に反応する。水は石灰岩を溶かしながら岩の割れ目に沿って側方へ下方へと流れていく。

流水

空隙　　岩棚

割れ目の推移
Cracks in time
やがて水の化学作用で割れ目は広がり（空隙となる）、一方で雨水はブロック状に突出した部分（岩棚と呼ばれる）を風化させて石灰岩を低く削っていく。

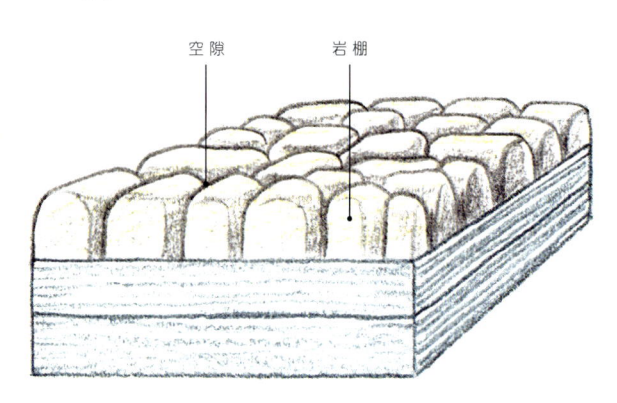

ランドスケープを読み解く　*195*

イントロダクション *Introduction*

OTHER LANDSCAPES
その他のランドスケープ

地球上のあらゆる地域では、さまざまな岩石と地殻変動がもたらした千差万別の風景が広がっている。しかし地域によっては共通の気象条件(たとえば熱帯、砂漠、周氷河、高地熱など)を有し、それが現在の景観の姿に類型的に影響を与えている可能性もある。以降のページでは、このような条件下で展開される風景を眺めてみよう。たとえば熱帯地域で共通して見られるのは高い平均気温と頻繁な豪雨だ。かつて熱帯地域で形成され、後に構造プレートの移動によって別の気候区分へと移動した地形も世界各地には数多く見られる。

熱帯気候
Totally tropical
もっとも有名な南米のアマゾン盆地と中央アフリカのコンゴ盆地、その他にマレーシア、インドネシア、ベトナム南部などが熱帯地域に入る。こうした地域の一部では、多湿と多雨によって河川の侵食・堆積作用が著しく進んだ結果、大量の堆積物に覆われた小起伏の平原が多く生まれたとされている。

熱帯の海 Tropical seas
英国の石灰岩地層を眺めると、かつて熱帯地域の海に豊富に生息していたサンゴなどの海洋生物が、海底で幾重にも重なる堆積層に埋まって化石化した跡が認められる。

沼沢地 Swamps
マングローブ沼沢地などの湿地の大部分は熱帯地域で形成される。植物の根をはりめぐらされたシルト層に有機物が堆積し、やがて地中では石炭と天然ガスが生成される。

熱帯の峰 Peaks
熱帯地域でのはげしい降雨は、カルスト地形（p.184参照）に見られるような極端な風化・侵食作用をもたらす。熱帯ではその他の生物活動も加わり、水の酸性度が高まって岩石の風化が進んでいく。

平原と島山 Plains and inselbergs
長期にわたるはげしい侵食・堆積作用は、とくに地質構造の安定した地域に準平原（p.135参照）という平坦な地形をもたらす。平原には島山（インゼルベルグ）と呼ばれる残丘や露頭が取り残される。

ランドスケープを読み解く

砂漠のランドスケープ
Desert Landscapes

一般的に砂漠といえば吹きさらされた砂丘地域という印象があるかもしれない。だが、これは正確な見方ではない。たとえば冬季には気温が零度をはるかに下回る高地の「寒冷砂漠」、石や岩のごろごろした砂漠、さらにはある程度の植生を認める半乾燥地域の砂漠など、熱帯地域と同様に砂漠の風景も変化に富んでいる。これらの地域すべてに共通して定期的な降雨はなく、乾燥した地面と岩石が地表にさらされた結果、砂漠特有の風化・侵食地形がつくり出される。

たまねぎ岩
Onion rocks

米国ニューメキシコ州ビスタイバッドランズのたまねぎ状の岩。これらの奇石は岩を丸く削る風食作用と岩石風化の産物だ。「削剥」された岩の表面からしみ込んだ水分と塩分が灼熱の太陽のもとで膨張し、寒気のもとで収縮することによって岩が層状に分裂している。

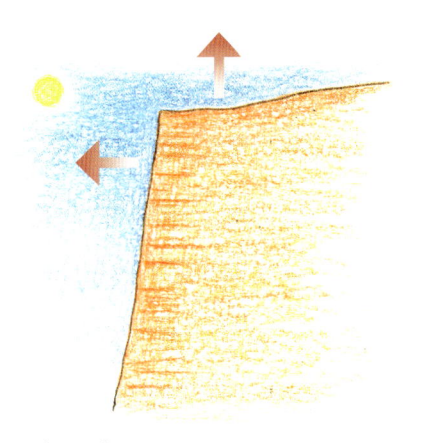

岩石風化 Rock breakdown
雲もなく晴れわたった砂漠の気候では、岩石の表面は極端な気温差にさらされる。日中は強い日射で岩の表面は加熱されて膨張する。

亀裂 Cracks
とくに冬季の夜間には、気温が零度をはるかに下回ることもある。岩石は膨張と収縮を繰り返し、表面に亀裂が入る。

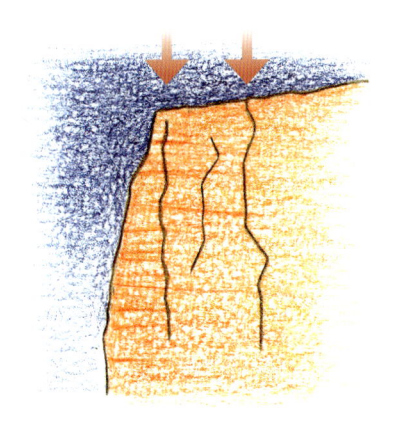

霜 Dew
夜間には温度が急激に下がって霜がおりる。霜は岩石表面の亀裂へと入り込んで凍結・融解を繰り返しながら化学的風化を進めていく。

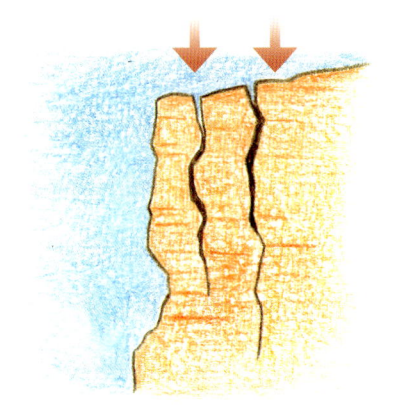

塩の影響 Salt attack
水中に溶けた塩分によっても岩石表面は風化する。水の蒸発とともに塩は結晶化し、膨張して岩石表面の割れ目を押しあけていく。

風食と堆積 *Wind Erosion & Deposition*

　頻繁な降雨や十分な雨量のない多くの砂漠地帯は、乾燥した砂と岩の粒子による侵食にさらされている。砂礫は風によって運ばれて岩石の表面を削り落とし、徐々に侵食を進めていく。細かい砂粒は風にもち上げられてはるか遠くまで運ばれ、一方で大きく粗い粒子は強風で近距離に飛ばされたり、風に乗った大量の細かな砂粒に押し流されたりする。このような砂粒の動きが砂漠にさまざまな侵食・堆積地形をもたらしている。

くぼみ Hollows
霜や塩水がたまって地面を部分的に風化させ、固結度をゆるくすることもある。こうして風化した砂粒が風に運搬されて地面にくぼみをつくる現象を乾食という。

風食 Wind erosion
霜（p.199参照）による塩の粒子が岩石表面に侵入して岩をもろくしていく。岩片と砂は強風に飛ばされて岩の表面を削剥し、すり減らしていく。

三日月形砂丘
Crescent dunes

ナミビア共和国のナミブ砂漠で細長い曲線を描くセイフ砂丘では、砂漠の風が細かな粒子を堆積させた様子がうかがえる。写真左から吹く風によって砂が斜面を流れるように上り、鋭い尾根を越えていく経緯がさざなみ状の砂紋に現れている。

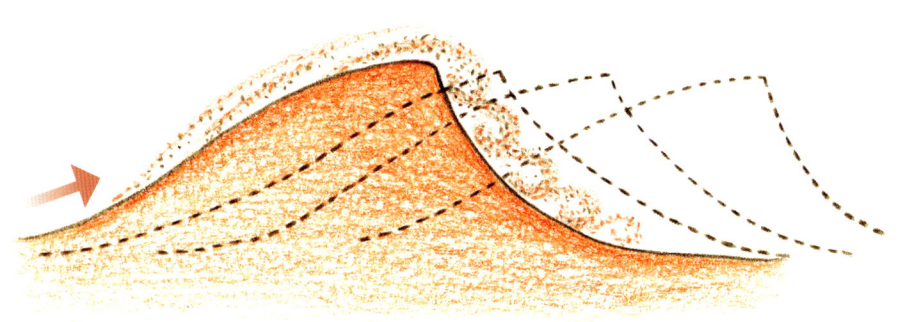

砂 丘 Dunes

風速が弱まるにしたがって砂粒は地面に山となって降り積もる。砂の蓄積で生まれた広大な砂丘は、時には数百あるいは数千kmにおよぶ。砂丘はしばしば岩石や地上の障害物を囲むように形成され、その形は風速と風向き、さらには砂の量、植生、地質などの要因によって変化する。こうして継続的に吹く風によって砂丘は千変万化しながら移動していく。

水食と堆積 *Water Erosion & Deposition*

これまで見てきたように砂漠地帯では降雨はめったになく、その予測も難しい。だが今も昔もしばしば突然の豪雨という形で水流がもたらされ、それによって砂漠の地形に変化が生じる。多くの砂漠には、鉄砲水などの大量の水が一気に流れ落ちて削ったワジと呼ばれる急峻な峡谷(ラビーンともいう)が見られる。そこには植生の被覆はなく、風化・侵食のかなり進んだ岩片は水に流されてさらに粉砕し、プラヤと呼ばれる平坦地に堆積していく。

水のあるワジ
Wet wadi
モロッコの砂漠では、ワジや雨裂に水が流れている。この峡谷は過去の洪水流によって刻まれたものだ。

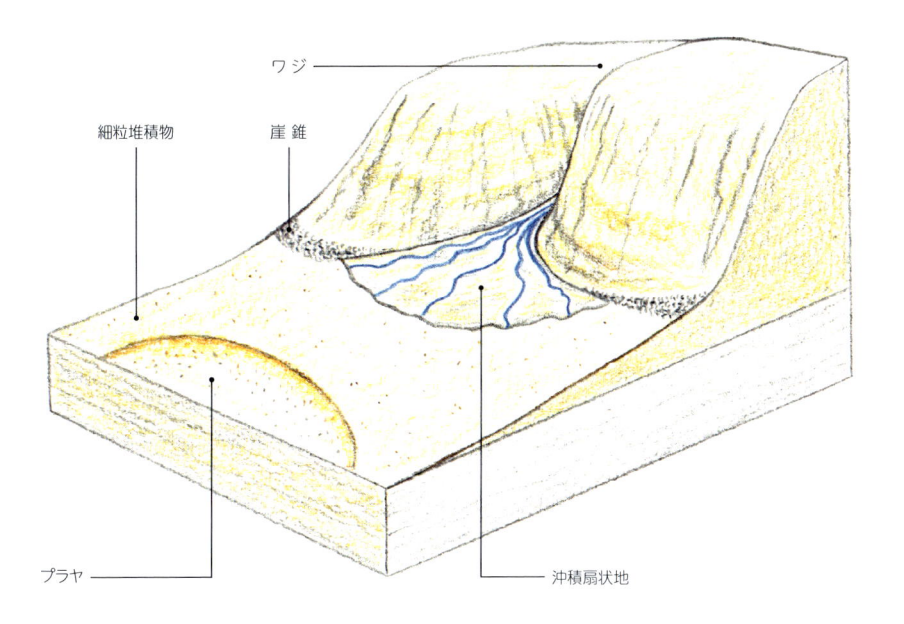

図中ラベル: ワジ / 細粒堆積物 / 崖錐 / プラヤ / 沖積扇状地

ワジ、ペディメント、プラヤ
Wadis, pediments and playas

砂漠地帯の外に水源を発する川や、内陸部の湖に注ぎ込む川など、砂漠によっては水流をたたえる川が存在する。しかし大部分の砂漠では、川の流れは豪雨の後に一時的もしくは季節的に生じるものに過ぎない。カラカラに乾燥した地表は不透水性となり、水は地面に浸透できない。また植生も乏しいため、水を吸い上げたり水の流れを変えたりする機能も不十分だ。比較的平らな地表に十分な降雨があると雨は布状洪水となり、砂礫が運搬されて砂漠の表面に広く堆積していく。しかし岩石の割れ目に水が入り込むような場所では、すぐに急峻な谷壁のワジと呼ばれる峡谷が刻まれる。ふだんは水のない状態のワジだが、時おり予測なしに鉄砲水が訪れるとその影響を大きく受ける。もっともワジは、かつて今よりも大雨が頻繁だった時代に形成されたものと考えられている。山地や丘陵のふもとでワジが開けて平地へとつながるところには、しばしば堆積物に覆われた岩の緩斜面（ペディメント）に沖積扇状地（p.100参照）が広がっている。ペディメントの先は平地であり、豪雨の際は洪水に見舞われる。水が蒸発した後には、干上がって割れ目の入ったプラヤと呼ばれる平野に、シルト、粘土、塩などが残される。

周氷河地域のランドスケープ
Periglacial Landscapes

構造土（右ページ）
Periglacial polygons
アイスランドの永久凍土表面に見られる典型的な石の紋様。凍上現象で地表へともち上げられた石が、盛り上がった地面に落ちて線型を描いている。

周氷河地形は、地面の表面がほぼ年中かたく凍っている地域で形成される。現在、周氷河地域は主にカナダ北部、アラスカ、ロシア、グリーンランド、ノルウェーなどの高緯度地方に分布している。これらの地域では年平均気温が-5℃を下回り、夏は非常に短く暑い。周氷河地域特有の地形はこうした環境によって生まれたものだが、氷河時代に同様の条件にさらされた地域でつくられた地形が今もその形を残している場合もある。

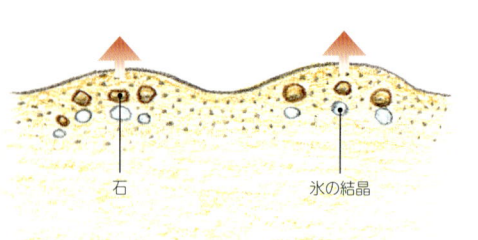

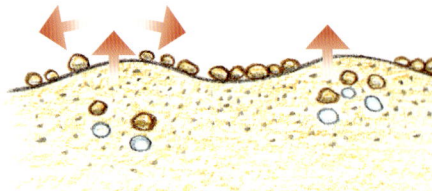

石　　氷の結晶

凍上現象 Frost-heave

地面がきわめて低温になると凍上と呼ばれる現象が起こる。これにはいくつかの形成過程を伴う。まず細粒の土壌が凍って体積が膨張すると地面に小さなドーム状の起伏ができる。土壌の中の石はまわりの土よりも寒気を伝えやすいため、石の下には氷結晶の層が形成され、それが膨張して石を地表へと押し上げていく。次に気温が上昇して土壌が融けると、細粒の土が石の下へと流れ落ちて石はもとの位置に戻れなくなる。凍結・融解の繰り返しで石はふるい分けられ、重い石は徐々に盛り上がった土壌の端へと移動していく。こうして地表に構造土と呼ばれる縞状の模様がつくり出される。

氷　　　　　上層の土壌が融ける　　　　　　　　再凍結した氷
　　　　　　　　　　　　融氷水

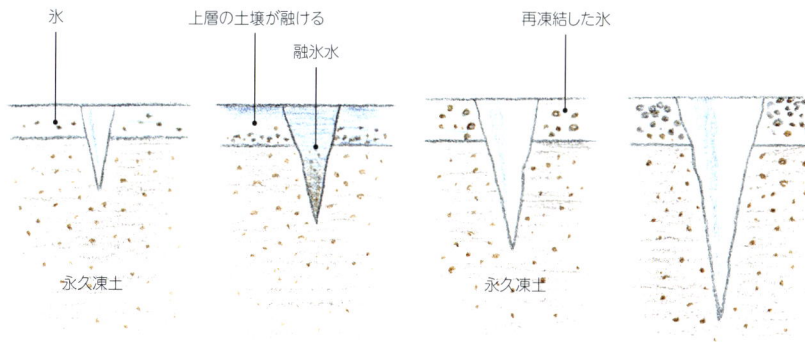

永久凍土　　　　　　　　　　　　　　永久凍土

冬から夏へ Winter to summer
地面に氷楔ができることでも構造土が生じる。目の粗い土壌が凍結すると、収縮作用によって地面に割れ目ができる。地面が融ける夏には、このような割れ目に水と細粒の土砂が入り込む。

その後の経過 Subsequent years
翌冬には、水がふたたび凍結して割れ目が広がっていく。時間とともに割れ目にできた氷楔は大きくなる。やがて気候が温暖になって氷が融けると、割れ目はシルトで満たされて地表には氷楔の跡が模様となって残される。

ランドスケープを読み解く　**205**

周氷河地形 *Periglacial Features*

　氷、霜、雪の影響と、(北極圏の夏に生じる)これらの融解作用によって周氷河地域にもたらされる地形がある。前ページでは地中の水分凍結によって地表に模様ができる現象を観察したが、この作用がさらに大規模にはたらくと、頂部がくぼんだ小丘が形づくられる。また、雪は塊となって丘陵斜面を侵食し、霜は岩石を砕いて崖錐という岩屑斜面や、風化岩片に覆われた岩海をつくり出す。さらに融解作用によって表層すべりが起こるなど、何年にもわたって地形は削られていく。

ピンゴの高まり
Pingo mound

カナダのノースウェストテリトリーズ凍土帯に鎮座するピンゴ(凍土層が土壌をかぶったまま盛り上がった小丘)。凸レンズ状の氷の核が土壌を地下から押し上げ、やがて陥没して小丘の上にくぼみができる。

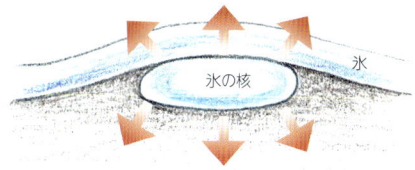

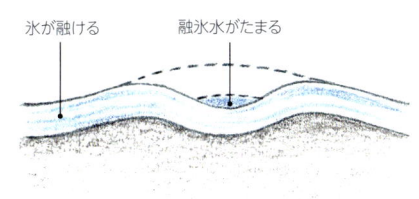

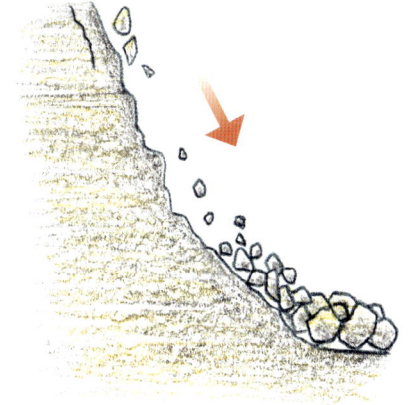

氷の小丘 Ice mounds
地表あるいはその直下にたまった水は、やがてかたく凍結して大きな氷の核となる。徐々に氷の核が膨張していき、地上には盛り上がった小丘が現れる。

凍結 Frost
凍結、融解、再凍結が繰り返されると岩盤は大きく角ばった岩片に砕け、岩肌の斜面のふもとには尖った岩屑の積もる崖錐(p.74参照)ができる。

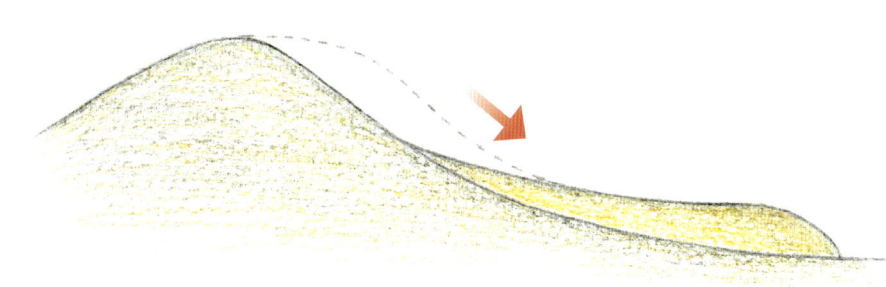

土壌の流れ Soil flow
夏になって土壌の表面が融けると、氷と雪の融水で表層は飽和状態になる。一方その下では、下層の土壌が凍った不透水層のままで残される。

表層はよりどろどろとした状態となって凍結層の上をすべるように流下していく。周氷河地域で一般的なジェリフラクションと呼ばれるこの作用は、斜面や谷壁で大規模な表層すべりを発生させる。

高地熱地域のランドスケープ
Geothermal Landscapes

間欠泉の起源
Origin of 'geyser'
ストロックル（アイスランド語で「攪乳機(かくにゅうき)」の意）間欠泉は、10分ごとに熱水と蒸気の柱を高さ35mまで噴き上げる。この間欠泉はアイスランドのゲイシール（Geysir）地域にあり、英語で間欠泉を意味する「geyser」の語源とされている。

　米国のイエローストーンやアイスランド各地など、地殻変動の影響で現在もきわめて不安定な状態にある地域が世界には存在する。このような場所では、地表へのマグマの上昇による火山活動の兆候や地震の発生などといった現象が現れている。地質構造の不安定な地域は地熱による影響が大きいとされている。つまり、わき上がる高温のマグマや加熱された岩石が地下水と接触することによって高地熱地域の地形が生まれる。

高温の岩石 Hot rocks

構造プレート上やその近辺の地殻に割れ目が生じると、わき上がるマグマは地中を通って割れ目に貫入し、接触したまわりの岩石を加熱していく。一方、雨水や地面に浸透した水は地層を通って地下へとしみ込む。この地下水が高温の岩石やマグマに到達すると地下深くの高圧下で熱せられ、地表での沸点よりもはるかに高い温度で沸騰する。こうしてきわめて高温になった熱水は地表へと押し上がっていく。熱水は地表近くにおける圧力降下で急激に蒸気に変わり、岩石の割れ目を上って地表に噴き出す間欠泉となる。熱水と圧力の放出に伴って噴射はやがて低くなり、水は地表へと落ちてふたたび地面に浸透していく。間欠泉ではこの工程が規則的に繰り返される。また温泉とは、噴気孔から湯煙やその他のガスが地表に放出されながら、ゆっくりと継続的に地下から熱水が湧いている状態を指す。

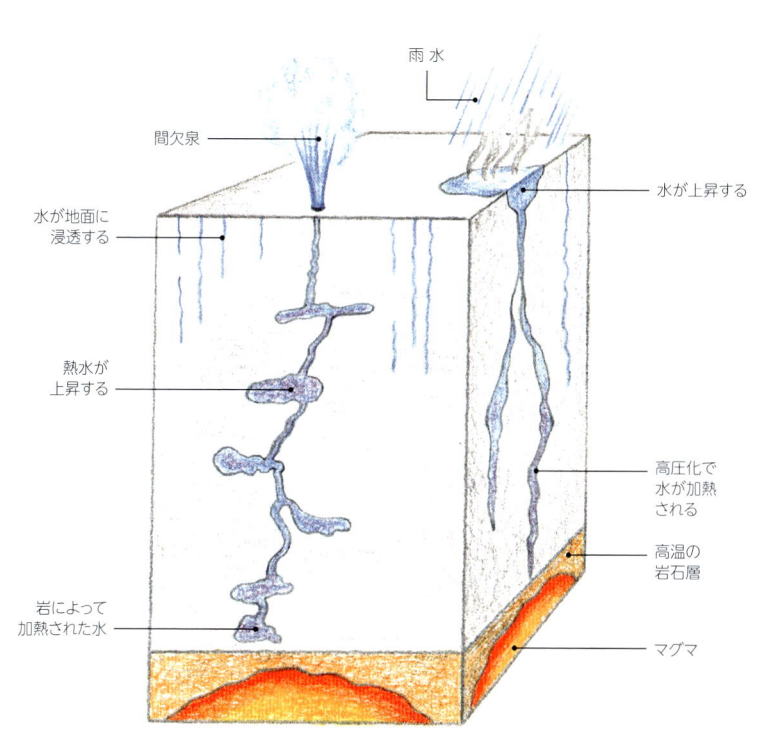

ARTIFICIAL 人工的なランドスケープ

イントロダクション *Introduction*

ここまでは本書全般にわたり、自然の作用がいかに景観とそこに展開される地形に影響をもたらすかを考えてきた。しかし実際に風景を見渡してみると、自然の営力だけでなく人間の行為による影響がそこかしこに現れている。本項では、人間の居住から農業、物資の運搬、工業にいたるさまざまな活動によって大地が改変されてきた経緯を眺めてみよう。

改変された景観
Landscape reshaped

人間は、利用できるすべての資源を最大限に活用しようと景観の姿に手を加えてきた。現在見られる風景のいたるところにそうした人的行為が現れている。河川の改修、輸送経路の構築、農業の発達、樹木の伐採・植樹から開発用地の開墾、海岸侵食を防ぐための護岸工事まで、人間は利便性を求めて土地を改変してきた。

人がつくり出す風景 The human landscape

人間社会が誕生して以来、景観は数多くの変化を見つめてきた。古代の文化では小規模な住居用の建物と農園がつくられた。戦争や社会不安の時代になるとこれらは再建され、要塞の役割を果たす地形の高まりや、防衛用に建設された砦(とりで)の中でより大規模な市街地が構築された。やがて工業化が進み、政治・経済が安定すると、防衛の必要性よりも住宅の大規模な拡充、工業生産用地および物資と製品の輸送手段(港湾、運河、道路を含む)の確保などへとニーズは移行していった。

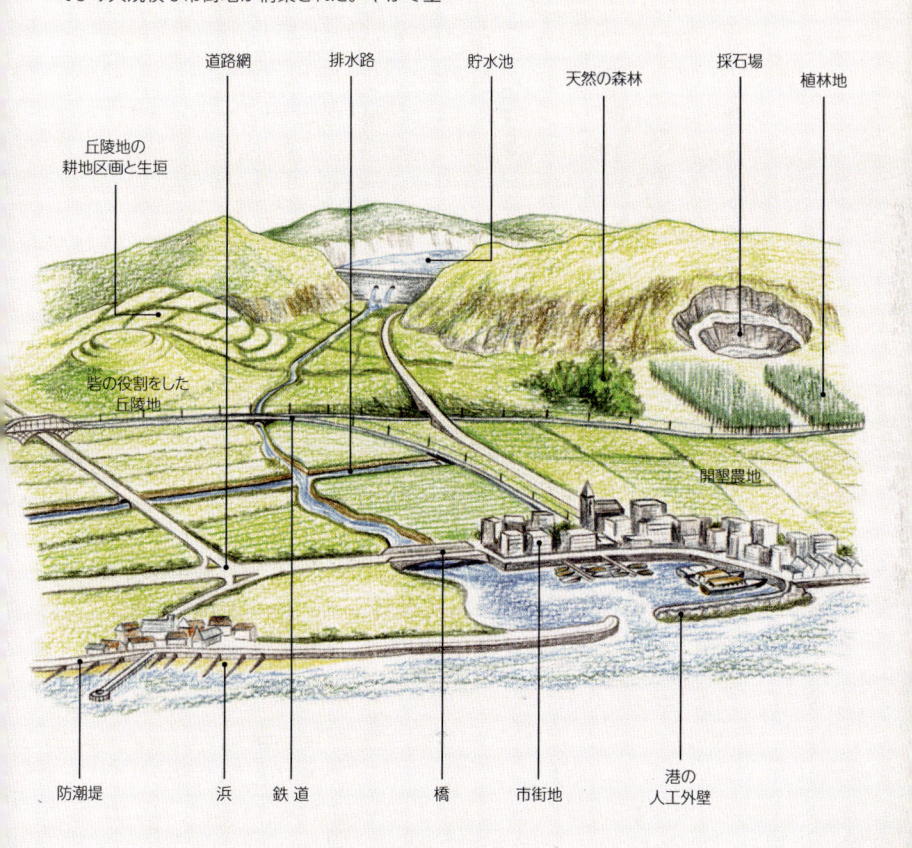

道路網　排水路　貯水池　天然の森林　採石場　植林地

丘陵地の耕地区画と生垣

砦の役割をした丘陵地

開墾農地

防潮堤　浜　鉄道　橋　市街地　港の人工外壁

ランドスケープを読み解く

古代の集落 *Ancient Features*

シルベリーヒル
Silbury Hill
英国ウィルトシャー州のシルベリーヒルは、エジプトのピラミッドと同時期である紀元前2400年頃につくられた礫と白亜から成る人工塚。その用途はいまだ謎のままである。

　原始の共同体が誕生するとともに、人間は居住・農業・家畜の飼育が可能でさらに自分たちの身を守る安全な場所を探し求めた。こうして生まれた集落では最初は手近の洞穴や丘、島といった自然の地形が利用されていたが、やがて集落の成長と発達に伴い、地面に手を加えたり囲いや道路を設けたりするなど、地形が改変されていった。たとえば祭祀や埋葬あるいは宗教的な目的でつくられた塚や円形広場など、原始集落の痕跡が今なお景観の一部に残されている。

古代の住居 Ancient dwellings
原始の住居群の多くは、木材と編み枝と泥でつくられた小さな円形家屋がいくつか集まったものだ。集落移動後の住居跡には地面にかすかな円形が残された。木材が手に入りにくい地域では代用として石壁が使われている。

要 塞 Fortifications
やがて治安維持のために集落の規模は大きくなり、しばしば自然の小丘の上に土と垣根の防護壁がつくられた。また古代都市においても市民の防衛用に巨大な壁が設置された。

農 業 Agriculture
英国を含むヨーロッパ各地では、中世に築かれた四角形の農地が現行の耕地区画のもとになっている。上図のように山腹斜面を耕作した盛り土や段地も見られた。

祭祀と埋葬の地 Ceremonial and burial features
英国ウィルトシャー州の有名なストーンヘンジの環状列石など、多くの遺跡は儀式用に設けられたものだ。他にもさまざまな国で遺体を埋葬するための墳丘や横穴墓がつくられた。

ランドスケープを読み解く **213**

都市のランドスケープ
Urban Landscapes

　都市部の景観も自然景観と同様に外部からの力に応じて徐々に発達していく。だが、その変化に要する時間ははるかに短い。人間は少なくとも過去1万2000年の間、社会的・経済的・政治的理由のために集落を形成して生活を営んできた。原始の町と村は、河川や自然港など天然資源に近い場所や身を守るための安全な場所で発展した。やがて政治の安定と経済成長の進展に伴って都市人口は増加し、それを支えるインフラが発達していった。

塔の力 Tower power
巨大なスプロール現象が見られる現在の英国の都市部。写真中央右下のロンドン塔は、市街地の防衛用につくられたローマ城壁の内部に11世紀に建設され、その後13世紀には城壁の外側へと拡張された。現在は城壁の痕跡はすべて失われたが、テムズ川に面した絶好の立地は今なお変わらぬままだ。

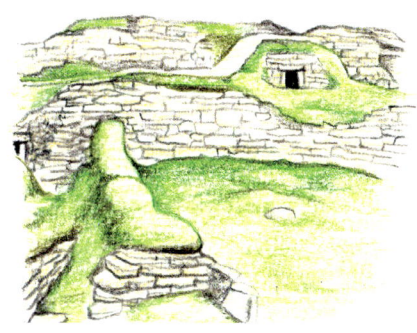

初期の集落 Early habitation
初期の集落は森林や河川あるいは海など天然資源の近くにつくられた。その後、景観は著しく変化し、現在ではかつての名残をとどめる場所は限られている。オークニー諸島のスカラブレイ集落遺跡は残された数少ない遺構のひとつだ。

中世の町 Medieval town
人口の増加と農業の発展に伴って多くの人が隣接して生活するようになると、まわりを防御壁で取り囲んだ町が発達した。だがこうして形成された町も、港の沈泥化などの理由で人が移転した後は廃墟となっていった。

産業化 Industrialisation
機械化の到来とエネルギーや食料の供給増に伴い、人々は仕事を求めて町や都市部に集まった。港湾、鉄道線路、道路などの輸送インフラを整備するために景観は改変された。

自然災害 Natural disasters
町も都市もすべては時間とともに移り変わる。だが、たとえば (ポンペイなどの) 火山噴火、地震、あるいは (最近ではニューオーリンズでの) 洪水など、自然災害による急激な変動によっても景観は著しく変化する。

ランドスケープを読み解く *215*

農 業 *Agriculture*

自然景観に最大の変化をもたらした要因をひとつあげるとしたら、それはおそらく農業だろう。私たちの祖先は、特定作物の栽培によって多くの人々に食料を供給する術を見出した。やがて体系的な農業開発が進められた結果、多くの森林が伐採されるとともに樹木は資源供給用に栽培され、農地用に土壌が運び込まれ、さらに土地の開墾と湿地の排水が実施された。

新たな耕地
Fresh fields

低木を並べた生垣と耕地が続く英国シュロップシャーの混合農地。境界線の生垣はもともと紀元前1000年頃の青銅器時代に設けられたが、西暦1300年以降、イングランドとウェールズでは多くの大規模耕地の分割が行われた。とくに1720年から1840年の間には囲い込み条令が施行され、土地所有者は共有地を囲い込んで私有地化した。集約農業の開始とともに、長い間野生生物の重要な生息地となっていた写真のような生垣は一掃されていく。

耕地区画 Field systems

田園地帯に見られるパッチワーク状の農地は、とくにヨーロッパでは青銅器時代にさかのぼるほど古いものが多く、長方形の耕地にはかつて鋤(すき)で耕されたものもある。農地と畜産飼育地とを区切る境界線の多くは今でも維持されている。

段々畑 Farm terraces

世界各地の丘陵地帯では、いつの時代も土地を最大限に活用して農地にあてるため、段々畑での作物栽培が行われた。本来なら斜面を流れ落ちてしまう水が畑にたまる階段状の構造は、水を有効活用した農作物栽培を可能にした。

灌漑(かんがい)と排水 Irrigation and drainage

多くの農家にとって安定した水の供給は作物の栽培に不可欠だ。このため乾燥地域では灌漑用水路が掘られ、一方でオランダや英国の東アングリアなどの沼湿地帯では、過剰な水の排水のために用水路が活用されている。

森林 Forestry

原始人類は木材用に多くの木々を伐採し、土地を切り開いて狩猟と農業を行った。湿原やヒースの生い茂る原野には、はるか昔の開拓作業で生まれたものもある。近年では、板材や木材の確保のために大規模な植林と収穫が行われている。

ランドスケープを読み解く **217**

埋立地 *Reclaimed Land*

パームの島(右ページ)
Palm reading
アラブ首長国連邦ドバイのリゾート地、パームジュメイラ。このリゾートアイランドは、最新の建設技術を駆使して海上の埋立地につくられた人工の島群から成る。

　人口の増加に伴って住宅や資源の需要も増していくと、さらなる土地を造成するために埋め立て・干拓の必要性が生じた。イタリアの都市ヴェネチアは、湿地帯に居住できるように人間が「干拓して」築き上げたおそらくもっとも有名な人工の宅地だろう。だが新石器時代初期の集落跡の発見により、この時代にはすでに木の杭を湿地に打ち込んで建物の土台としていたことが明らかになった。最近では干拓や埋め立てによって大規模プロジェクトの建築用地が造成されている。

建設用地 Land for building
香港は1990年代末までに国際空港の拡張の必要に迫られていたが、本土にはもはや建設用地は残っていなかった。そこで近接した2つの島を平らに削り、海を埋め立てて人工島を造成するという解決策がとられた。海底には他の埋め立てプロジェクトと同様に境界壁が打ち込まれ、間のスペースには骨材が埋められて空港の基盤となる新たな土台が設けられた。

農業・工業用水 Drainage for agriculture and industry

数百年前から湿地は農業用に干拓されてきた。オランダの国土の大半は大規模な排水路を擁した干拓地であり、長い人工堤防が水陸を仕切っている。英国の東アングリア（上図）の湿原を農業用地として干拓した際にも、風力発電による送水ポンプなどを用いた同様の工法が取り入れられた。またかつての海岸地域では、掘削作業によって人工の塩田がつくられた例もある。

採掘と採収 *Mining & Extraction*

人間のエネルギー需要が単純な薪火から化石燃料の燃焼による火力へと拡大するにしたがって、採掘の重要性も高まっていった。最初は露天掘りによってもっとも採掘しやすい鉱物が掘り出された。現在では消費財需要の肥大化が進み、より大量の天然資源を地下から採掘・加工する必要性が生じている。こうして露天採鉱と坑内採掘が行われた後には、長期にわたって景観にその痕跡が刻み込まれる。

オープンソース
Open source

英国北ウェールズ、スノードニアのペンリンスレート採石場では現在も露天採鉱が行われている。上層の岩石を徐々に掘って切り出すことで鉱物層が露出していく。今では廃墟となった採石場の多くは観光地として再開発され、かつての坑道が人工湖やショッピングモールへと変貌している。

フリント採掘 Flint mining

新石器時代にはフリント（火打石）が切削工具として重宝された。英国ノーフォーク州グリムズグレイヴの坑道は、そうした原始のフリント採掘場の遺構だ。

採 鉱 Mining for metals

青銅と鉄が使われるようになると坑道が掘られ、銅（上図はウェールズのグレートオーム鉱山）、すず、鉛、鉄鉱物の採鉱も始まった。

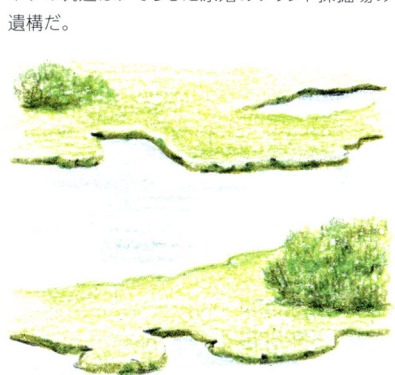

坑道の遺構 Abandoned pits

使われなくなった坑道が水に埋まることも多い。イングランドのノーフォークブローズは、中世の泥炭掘削地が水と植生で満たされた地形だ。

掘削の跡地 Other remnants of mining

地下鉱山などのかつての採掘場は地表に露出し、付近には採掘の際に廃棄された土砂が山となって積まれている光景も見られる。

ランドスケープを読み解く **221**

護岸 *Coastal Defences*

海岸の防災
Sea defences

英国ノーフォーク州ハンスタントンの海岸では、防災対策として「(土木工事などの)ハード対策」が進められてきた。防潮堤、コンクリートの階段、砂浜に並べた岩などが背後の海岸砂丘を防護し、木製の突堤が波の力を消散させて浜の侵食を防いでいる。

　沿岸と海岸線が侵食され、時間とともにその姿を変えていく経緯についてはp.160で考察した。一方で人間の居住地や産業都市、あるいは観光地や野生生物の保護地域などでは、海岸線を保全するために何らかの人工構造物を設ける措置が取られている。だが、海面の上昇や暴風雨、海底の侵食などに際し、これらはともすると最悪の事態をかろうじて避ける程度の効果しか発揮せず、徐々に撤廃されていく可能性もある。現在では、沿岸の湿地やヨシ湿原の復活によって吸水をはかるなど、「ソフト」な護岸策が導入される傾向にある。

防潮壁 Sea walls
海岸の内陸部を保護するために、浜の背後にはしばしば防潮壁（鉄筋コンクリート製、あるいは蛇かごと呼ばれる鉄線で編んだかごを積み上げたものなど）がつくられる。

巨礫 Large boulders
大きく尖った巨礫を堤防の根元に並べる場合もある。石積み護岸と呼ばれる防潮堤では、打ち寄せる波の威力を巨礫が分散させ、弱らせていく。

突堤 Groynes
砂浜は波の威力を減退させて海岸を守る役割をしている。沿岸漂砂によって浜の砂粒が運ばれる過程についてはp.175で触れたが、突堤は砂や礫のこうした移動を抑える策のひとつだ。

防波堤 Breakwaters
海岸線に打ち寄せる波の威力を減じる方法として、人工防波堤が建設されることもある。ただし、この方法で海岸の一部の区域は防護できるが、偏向した海流が別の区域に影響をおよぼす可能性もある。

ランドスケープを読み解く **223**

水際の人工地形 *Water Features*

人間は数多くの地形に手を加え、さまざまな目的のために水の流れを制御してきた。たとえば、河川をダムでせき止めることで飲料水の供給、水力発電エネルギーの開発、洪水の防御を行った。そして運河を掘り、河道を改変して時には大規模により効率的な輸送経路を構築した。さらには景観美化のために大地の形状を変え、人工の池、湖、河川や滝をつくり出してきた。多くの場合、とくに時間の経過とともにこうして修景された人工地形は景観になじんでいき、自然地形との区別は難しくなっていく。

フーバーダム
Hoover Dam
米国アリゾナ州とネバダ州の州境に位置する比高221mのフーバーダムは1936年に完成し、背後には貯水用の人造湖であるミード湖が生まれた。このダムはコロラド川氾濫の制御と水力発電を目的として建設された。

貯水池と人造湖 Reservoirs and artificial lakes
ダムでせき止められた河川の水は谷に氾濫して貯水池をつくり、近隣の町への淡水の供給源となる。ダムの水はゆっくりと放水され、発電用にも用いられる。

水車用貯水池と渓流 Mill ponds and streams
水車の利用は17世紀ヨーロッパで手作業に代わる製粉の動力手段として始まった。後には鉄製錬用の高炉に動力を送る手段としても使用されている。

運河 Canals
運河は天然の河川に隣接して開かれ、幅広で水深の大きな河道をもたらすことで船舶の航行を促していた。だが道路や鉄道、空港などの発達に伴い、パナマ運河やスエズ運河などの大規模な例を除いて衰退していった。

造園 Artificial landscaping
英国ジョージ王朝様式の優雅で荘厳な邸宅（ウィルトシャー州のスタウアヘッドなど）から、現在のゴルフコースや複合施設にいたるまで、人間は自分たちの生活と労働環境の向上のために時には大規模な修景を行ってきた。

ランドスケープを読み解く　225

地図からランドスケープを読む
Mapping the Landscape

　地図とは、図形などを用いて誰が見ても理解できるように景観を描写したものだ。したがって地図はルートの探索だけでなく、まわりに広がる地形を予測し、その成り立ちを理解するうえでも非常に有効なツールとなる。地図にはいくつか種類があるが、風景を読み解く際にもっとも便利なのは地形図と地質

図だろう。地形図はウォーキングやハイキングで地図をよく使う人には知られたものであり、地質図はある地域の地層の分布を示すものだ。本章では地図の歴史について簡単に触れ、次に地図を通じて景観の歴史を探索し、ひも解いていく方法を紹介する。

大地を読む
Reading the ground
地図は道を教えてくれるだけでなく、景観の歴史についても語ってくれる。

地図からランドスケープを読む
Mapping the Landscape

　人類が世界を探検して資源のありかを記し始めると、やがてその情報を旅行者すべてに共有できるよう記録しておく必要性が生まれた。航行装置の進歩に伴って距離の計測と記録はより正確なものとなり、また地層に対する理解も深まっていった。さらに産業革命の結果、天然資源の採掘の必要性がいっそう高まったことから地質学の研究は進展を見せ、地図には地勢だけでなくその地域の岩石の種類までも示されるようになった。現在では、空中写真、レーダー、衛星画像、さらにはGPS（global positioning system の略）などの技術によって地球の地質構造はより正確にとらえられるようになっている。

マインドマップ Mind map
他の形態の文献と同じように地図もまた概念を伝えるものだ。地球が球体だという概念は、アリストテレスの時代（紀元前350年頃）までに古代ギリシア哲学者の間で広く支持されていた。だがヘレフォード図（1300年頃）など中世の地図はエルサレムを中心に据えた宗教色の濃いものだった。

228　地図からランドスケープを読む

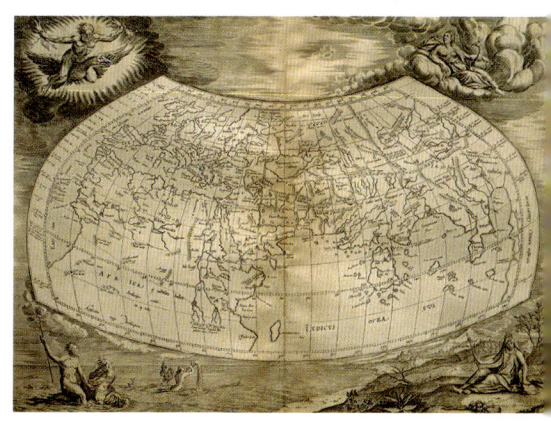

古代の地図 Early maps
地図の歴史は数千年前にさかのぼる。現在知られている最古の地図は、紀元前2300年頃に古代バビロニア人が粘土板に彫ったものだとされている(上記)。

プトレマイオスの世界地図 Ptolemy's map
ローマ帝国の時代には地図作製は進歩を見せ、プトレマイオスの世界地図(西暦150年ごろに作製、1482年に複製)ではアフリカ、ヨーロッパ、アジアを含むまでにいたった。

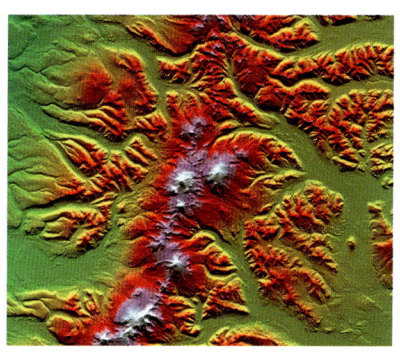

メルカトル図法 Mercator projection
14世紀以降、地図は大量に印刷されるようになる。現在でも広く使われる円筒図法がゲラルドゥス・メルカトルによって発明された(上記、1569年)。

現代の地図 Modern maps
さまざまな先端技術を駆使してつくられる現代の地図は、宇宙から火山帯を撮影したこのレーダー写真のように精度の高いものだ。

TYPES OF MAP
地図の種類

イントロダクション *Introduction*

現在では多種多様の地図が発行されている。その中には、たとえば国や州、郡の境界を示した政治地図や、等高線、地形の形状、水深などといった地勢の詳細を記録した地形分類図などがある。また空中写真と衛星写真を利用して地勢特徴と地層分布とを正確に表す新しい形態の地図作製も進展している。

精細な描写
Mapped out
地図はさまざまな目的に応じてつくられる。右のような地形図は、ユーザーが地図上の寸法から正確な距離を把握できるよう一定の縮尺で緻密に描かれている(p.238参照)。さらに地図記号、線、色分け、注記などによって歩行者やハイカーに役立つ情報をわかりやすく示している。

政治地図 Political map
都市、郡、州、国の境界線が示され、区分ごとに色分けされた政治地図は、過去数世紀にわたっておそらくもっとも重要とされてきた地図のひとつだろう。

地形図 Topographical map
土地の起伏を示す地形図は、とくに大縮尺のものが歩行者やハイカーにとって便利だ。地形図には遊歩道や陸標が表示され、また距離を測定しやすいようにメッシュ法を採用したものが多い。

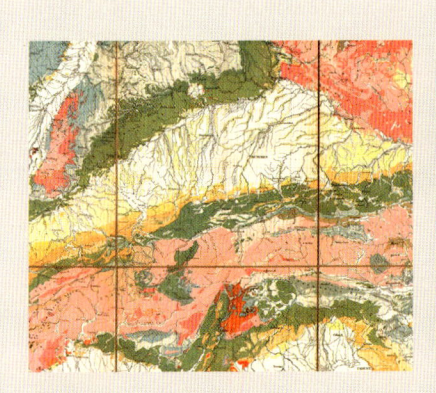

地質図 Geological map
地質図とはある地域の地質構造を詳細に描写したものだ。一般的には地質に関する詳細事項を線、注記(地名などを表記する文字)、色分けなどで地形図上に重ねて表示している。

写真地図 Photographic map
写真地図は地形図と地質図を補完するものだが、現在ではそのどちらも写真地図をもとに作製される場合が多い。時には特殊な画像装置を用いて航空機や衛星から撮影を行い、画像を統合して写真地図がつくられる。

地形図 *Topographical Maps*

多くの人にもっとも知られている地図といえば、おそらく地形図または起伏図と呼ばれるものだろう。主に散策やハイキングの際の道しるべとして使われる地形図だが、その土地の地質史を読む手がかりとなる情報も豊富に掲載されている。たとえば等高線、露頭の形状、河川分布などは地形の成り立ちをひも解くヒントとなり、その景観の地質構造を探究するきっかけを与えてくれる。

高低差
Top down

この地形図には景観を形づくる鍵が現れている。等高線の間隔が密なほど地表面の傾斜は急になり、逆に大きな空白があるところは傾斜が緩やかな地形だ。等高線の読み方に慣れてくると、たとえばふもとよりも頂上が急峻な丘陵斜面などを判読できるようになる。また、幅広で平坦な谷に蛇行河川が流れる場合、氷食地形である可能性が高い。

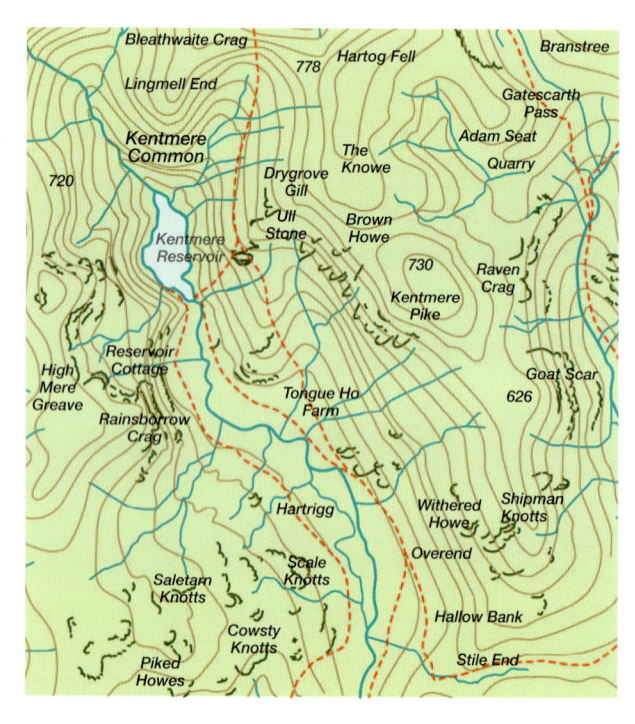

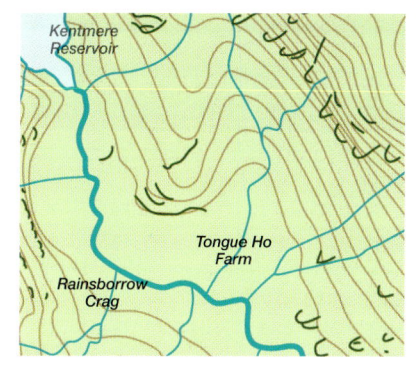

等高線 Contours
等高線は茶色の線で描かれ、標高数値は太字で記される。上の図は広い谷底に蛇行河川が流れ、その脇には氷河が削った急峻な谷壁が続く様子を示している。

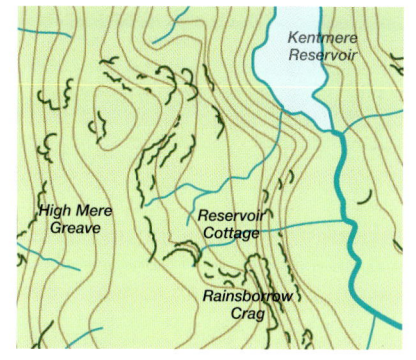

露出した岩体 Rock features
地図上に濃緑色で描かれた太線は地表に現れた露頭を示す。岩体の形状が突出したものほど硬度が高く侵食されにくい、おそらくは火成岩と推測される。

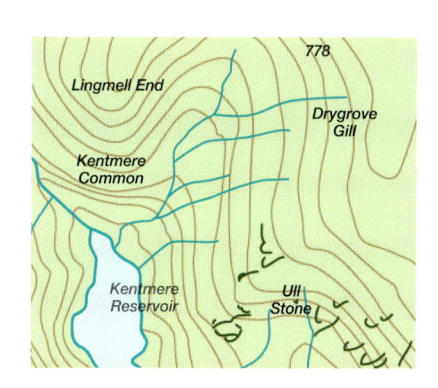

水域 Water
地図上の水域も景観の歴史につながるヒントを与えてくれる。ここでは谷壁部分の等高線が鋭く曲がっていることから、水流が谷底をV字形に刻んだ様子がうかがえる。

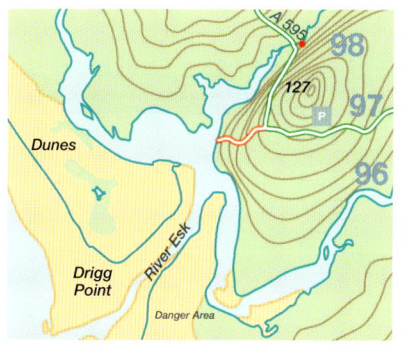

堆積地形 Depositional features
谷がエスチュアリーへと広がって海へと続くところでは川に運ばれた泥が積もり、河口付近には沿岸流による砂が堆積している（地図上の淡黄色部分）。

地図からランドスケープを読む **233**

地質図 *Geological Maps*

　地質図は専門家以外にはあまり知られてはいないが、景観の歴史と地質構造を解明するツールとして地質学者に活用され、その中にはきわめて多くの情報が含まれている。地質図はしばしば地形図の上に重ねられる形で地層の分布と形成年代を表している。インターネットの普及した現在では、関連国家機関のホームページ（たとえば英国地質調査研究所や米国地質調査所など）へのアクセスによって容易に地質図を閲覧できるようになった。

デジタルマップ
Digital mapping
現在では右のような地図が集中データベースにデータセットとして保存されている。ユーザーによるインターネット上での地図の作製とダウンロード、さらに一部ではデータの3次元表示なども可能となった。

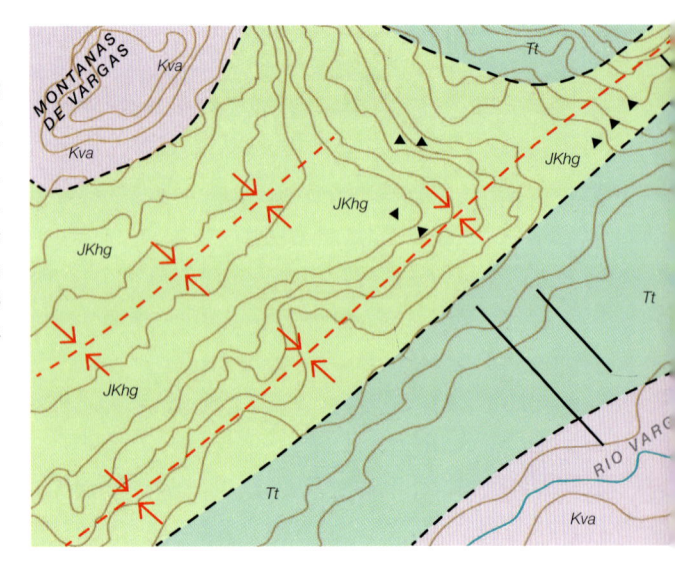

地層の分布を知る Low down

地質図には地層を模式化して表現した記号などが多く使用されている。その地域の地形図を下地としているため、地質図を見れば景観の中で地形の(さらに自分たちの)位置を把握できる。色分けされた各区分はそれぞれ地層の種類、つまり地質区分と呼ばれる形成年代とその分布を示している。また省略記号は地層の年代と名称を、線、記号、数字は断層と褶曲を表す。地質図の分析を通じて、地質学者はその地層が現在の場所に現れるにいたった経緯を導き出すことができる。

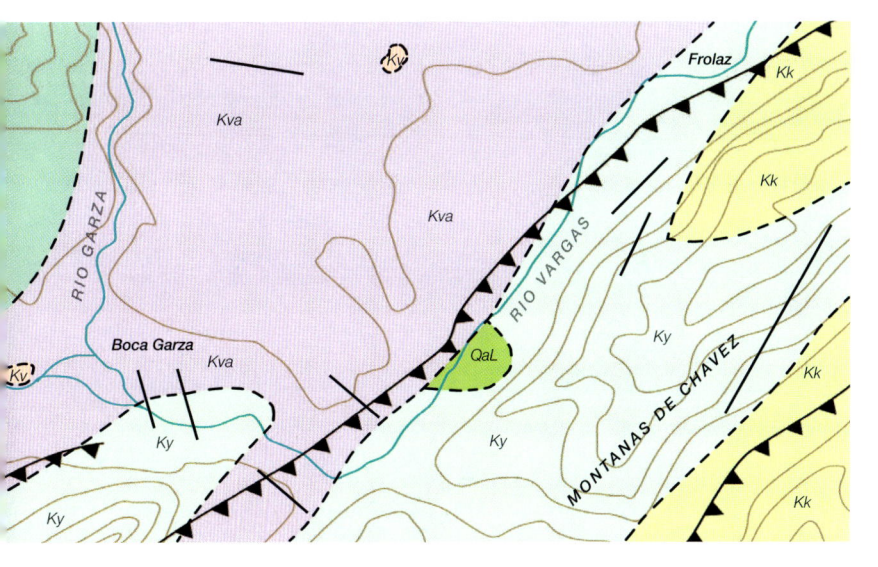

凡例

第四系
- **QaL** 沖積層

第三系
- **Tt** タバコン層

白亜系
- **Kv** 苦鉄質火山岩
- **Kva** ヴァイエ・デ・アンジェリス群層
- **Kk** クロシルピ層
- **Ky** ヨホア群層

ジュラ系
- **JKhg** ホンジュラス群層

地図からランドスケープを読む

地質図を読む
Reading Geological Maps

線の種類
Lines in the rock

地質図では太さの違いの他に、実線、破線、点線という異なる種類の線が用いられる。これらは地質学者が地層間の境界を引く際の確実性の度合いを示している。たとえば実線はすでに実証された接触面を表す。一方、土壌や植生の存在、あるいは建築作業などによって判別しにくい場合は破線で予測接触面を示し、さらに不確実な場合には点線を用いて表現している。

地質図の細かな項目は一見したところ少し難解に思えるかもしれない。だがそれらを構成要素に分解してみると、地図が視覚的に景観の成り立ちを教えてくれるようになる。色分けされた各ブロックは、地質区分つまり地層や岩石の種類と形成年代を表し、地層と地層との間の線は2つの区分が接する様式（たとえば断層や堆積など）を示している。また、さらに詳細な情報については記号と注記で表現される。ただし、地図表記の規格と慣例は国によって異なることに注意したい。

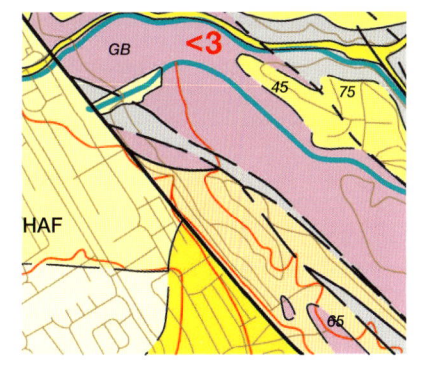

色分け Colour
各ブロックの色は地層の種類と形成年代を示す。たとえば、赤色は火成岩、褐色の濃淡は年代の異なる砂岩など。ただし、このような色分けは地図の発行元によっても異なる。

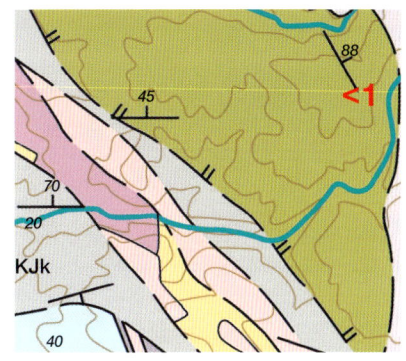

文 字 Letters
各地層は形成年代に応じて略号で記される。アルファベットの大文字は地層の形成された紀(たとえば大文字のKは白亜紀の地層を意味するなど)を、小文字は地層の名前を示す。

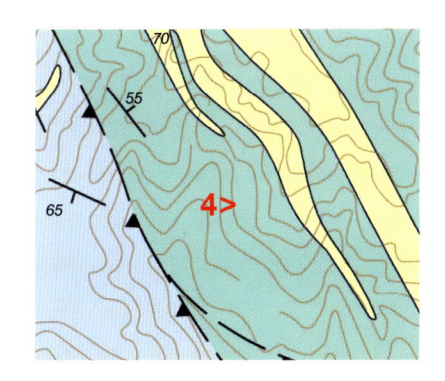

線 Lines
2つの地層区分が接するところは接触面と呼ばれ、線の種類によって接触の仕方の違いを表現している。太線は断層、細線はある層が別の層の上に堆積していることを意味する。

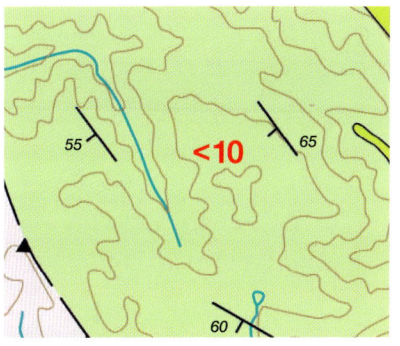

褶曲・断層・傾斜 Folds, faults and dip
褶曲は中太線で描かれる。その他の記号(たとえば三角形など)は断層の種類と方向を表す。短い線とその脇の小さな数字は、傾動した地層の走向と傾斜角を示している。

地図からランドスケープを読む **237**

NAVIGATION ナビゲーション
イントロダクション *Introduction*

こうして地図を見て、さらに現地でくわしく風景を観察するための目的地は決まった。次は地図、コンパス、GPS装置を活用して実際に目的地にたどり着く手法を簡単に説明しよう。まず地図の利用はごく基本だが必要不可欠なスキルだ。とくに起伏のはげしい場所や、たとえば山岳地域のように時間や天候によって安全性が大きく左右される場所を歩く場合には、事前に地図の読み方を習得しておくべきだ。さらに、服装や持ち物、装備などが目的地の地形と天候に適したものかどうかを必ず確認しておこう。

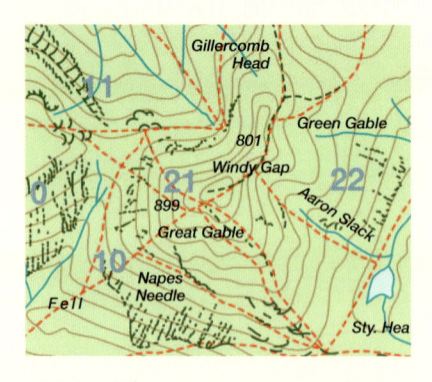

事前準備
Mapping things out
まずは地図を使って目的地付近の概観をつかみ、道順を考えておく。地図、コンパス、GPSなどを持っていく場合は、見方や使い方も出発前に確認する。

等高線 Contours
等高線の判読は、実際に見える風景を地図に重ね合わせて安全なルートを見つけるうえで必要不可欠だ。基本的には等高線間隔が狭いほど地表面の傾斜は急になる。

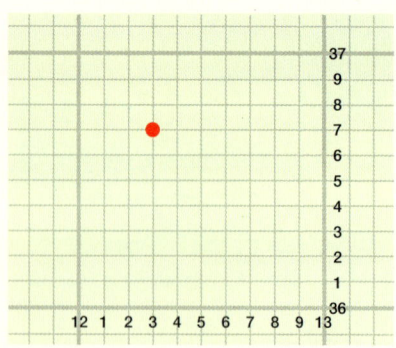

メッシュ法 Grid system
メッシュ法の活用も地図を読むうえで重要だ。目的地の位置を知るには、地図上で位置座標(上記では赤点から縦線を下にたどると3、横線を右にたどると7、値は123 367)を読む。

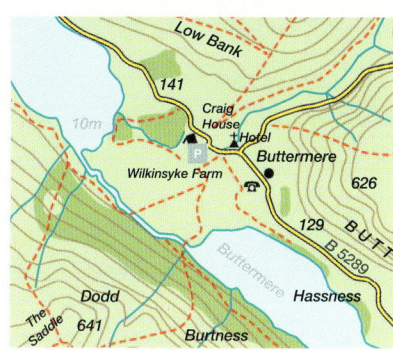

遊歩道と境界線 Footpaths and boundaries
目的地までの経路沿いにある遊歩道とその境界線をあらかじめすべて調べておき、必ずそれに従って歩くようにしよう。

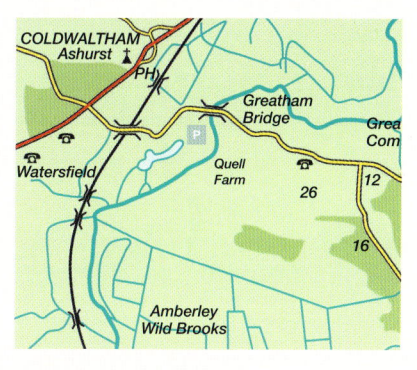

陸標の活用 Using landmarks
たとえば教会、橋、三角点のような地図上で目印となる建物などは事前にすべて確認しておき、通過した時点で地図に印をつけていく。

地図からランドスケープを読む

コンパスを活用する
Using a Compass

コンパスは短い距離を歩くだけなら必須ではないが、それでも自分が進む方向を即座に把握できる非常に便利なツールだ。さらに夜間や大雨・霧など悪天候のために視界がさえぎられ、遠くの目印が見えないような状況下では、コンパスはルート探索に必要不可欠なツールとなる。こうした状況を踏まえ、地図だけでなく常にコンパスを携帯した方が良いだろう。

正確な方角
The right direction

真北と磁北極は厳密にはコンパスの針が示す北と同じではないため、この偏角を考慮して方角を補正しなければならない。一見わずかな誤差に思えても、1km歩いた後には70mもコースを外れている可能性もあるからだ。また、たとえば北半球から南半球へと旅する場合などは、行き先の地域に合った磁石を携帯することが必要だ。

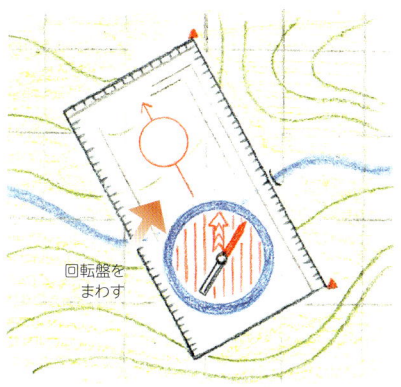

地図に線を引く Aligning the map
地図を水平にもち、現在地と向かうべき目的地を確認する。地図上の現在地と目的地とを直線で結ぶ(頭の中で描いても、実際に線を引いても良い)。

北を見つける Finding north
この直線にコンパス本体の長辺を重ね合わせる。回転盤をまわしてリング内の赤い矢印(インデックス線)が地図上の北である上方を指すように合わせる。リング内の細線と地図上の方眼の縦線とをぴったり一致させる。

回転盤をまわす

偏角を補正する Taking a bearing
回転盤の度数目盛りを読み、地図上の整飾に記載されている偏角(たとえば英国では4度から5度ほど)分を補正する。

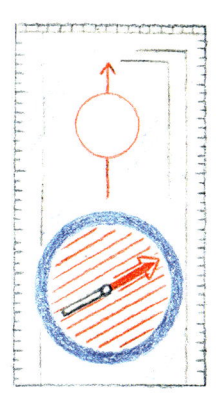

進行方向

目的地の方向に歩く Walking the bearing
次にコンパスを体のそばでしっかりともち、赤い磁針が回転盤のN(北)を指すように体の向きを変える。コンパス本体の矢印が指す目的地の方向に向かって歩く。

地図からランドスケープを読む　*241*

GPSを活用する *Using GPS*

GPSとはglobal positioning system（全地球測位システム）の略であり、satellite navigation system（衛星航法システム）または省略形のSatNavとも呼ばれる。現在では一般的になったGPSだが、もとは米国国防システムの一部として打ち上げられた軌道衛星のネットワークを利用したシステムである。地上の携帯型受信機がGPS衛星からの信号を分析し、地上での正確な現在位置を算出するしくみだ。現在、さまざまな種類のGPSが利用可能であり、最近では「スマートフォン」にもGPS機能が搭載されている。

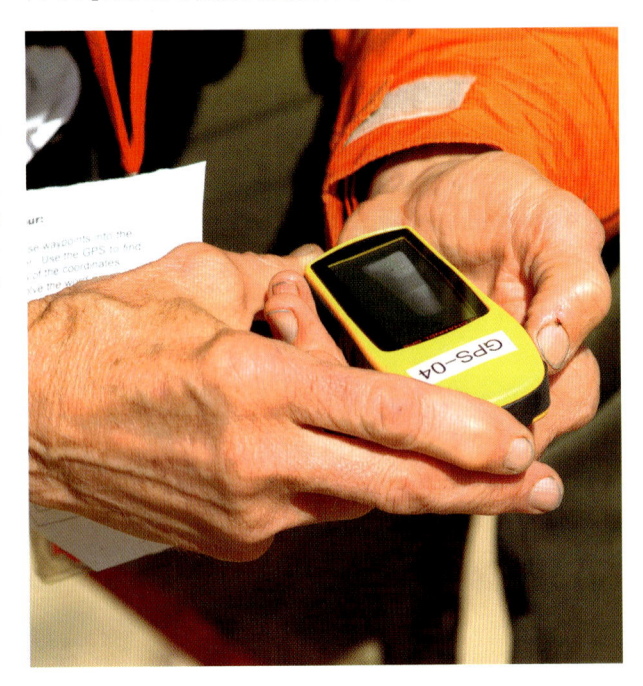

位置を知る
Getting your fix

多くの携帯型GPS受信機では、現在位置の確認だけでなく、ユーザーによって入力された地点へのルート表示や、過去にたどったルートとその距離、所要時間、移動速度の記録もできる。こうした情報をもとに候補となるルートが算出される。ただし、GPSの正確性を維持するには定期的な調整が必要であり、またバッテリーの磨耗を考えて地図とコンパスも常に携帯しておきたい。

信号の受信 Acquiring a signal
まずGPS端末の電源を入れ、衛星からの電波を受信して測位状態にあるかを確認する。歩いている間も常に信号を受信できるように（肩がけのポーチに入れるなどして）携帯する。

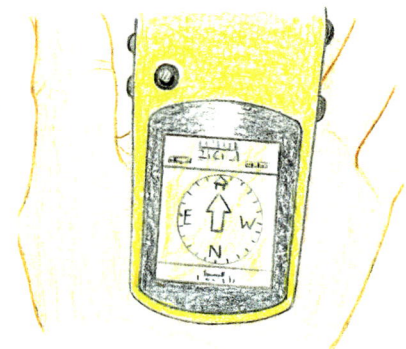

ウェイポイント Using waypoints
GPSの示す直行ルートに従うことができない場合、ウェイポイントを利用するのが便利だ。ウェイポイントとは任意の場所の位置座標を登録できるシステムで、地図から読み取った複数の地点を登録してルートを表示できる。

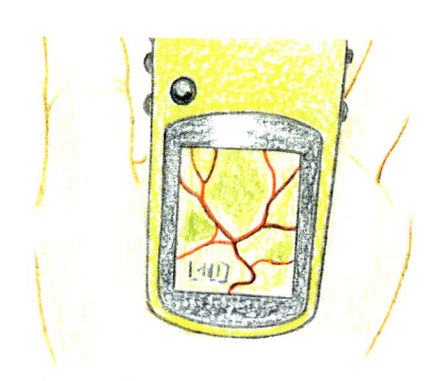

GPSマップ GPS maps
GPS受信機には、現在地、ウェイポイント、通過した地点を画面上の地図に一覧表示できるものもあり、ルートを確認するうえで役に立つ。また、この画面を利用して紙の地図上で現在地をチェックすることもできる。

帰路 Going home
GPSは往きのルートに沿って帰りのルートも指示してくれる。GPS端末を使用する場合には前もって使い方に慣れておき、予備の電池を常備することも忘れないようにしたい。

地図からランドスケープを読む

用語解説 *Glossary*

アア溶岩 高密度で表面が粗く、ゆっくりと流動する玄武岩質溶岩。

アスファルト 炭化水素を主成分とする黒色のセメント状物質。

アセノスフェア 地球の上部マントルの一部でリソスフェアの下にある層。

EON Aeon（累代）の米語式綴り方。

隕石 宇宙から地球の大気圏を突き抜けて地上に落下した岩石状の物体。

雨裂 急斜面を成す小さな谷、溝。

永久凍土 少なくとも1夏をはさむ2冬以上の間、凍結状態にある土壌や岩石。

エスカー 氷床や氷河によって残された砂礫が細長く堆積した地形。

エスチュアリー 大きな河川が海に注ぎ込むところ。淡水と海水が混ざる入江や湾を指すこともある。

mya 100万年前を意味する時間単位。

沿岸漂砂 沿岸流の影響で浜の堆積物が海岸に沿って移動すること。

沿岸流 海岸に対して斜めに寄せる波の影響で、海岸線にほぼ平行する海水の流れ。

塩分 水に溶けている塩類の量。

オイルシェール 圧縮された含油堆積岩。

甌穴 水流ではげしく転がる小石によって岩が削られてできた円形のくぼみ。

黄土、レス 風で運ばれて堆積した細粒のシルト、砂、粘土から成る土。

オブダクション あるプレートを別のプレートの上に押し上げる作用。

オルドビス紀 地質時代の区分で5億年前から4億4000万年前まで。

海溝 海底に見られる細長く深い谷状の地形。

塊状溶岩 高密度で表面の粗い溶岩。アア溶岩としても知られる。

崖錘、がれ 斜面の基部に風化した岩片が堆積した地形。岩屑斜面ともいう。

海洋域 沿海や海底を除く海洋の水域全体。

海洋地殻 海洋地域の下に位置する地球の表層部。厚さはおよそ5km。

核 地球の中心部を占める部分で鉄などから成る。固体の内核と液体状の外核から構成される。

角礫岩 破砕された角ばった岩片から成る堆積岩。

花崗岩 一般的に見られる粗粒の火成岩。

火砕岩 火山体から噴出した岩片。

火砕流 岩片と高熱ガスが混合して火山体から噴出したもの。

火山 溶岩と火山灰の噴出によって地表上部にできた地形の高まり。代表的なものには円錐形の火山体がある。

火山灰 火山から噴出される細粒物質。

火成岩 マグマが冷却・固結してできた岩石。

化石 植物や動物の鉱物化によってその輪郭、形状、模様などが残ったもの。

軽石 多孔質で非常に軽い火山ガラス。

カルスト地形 はげしい溶食作用によって生まれた石灰岩地帯に特有の地形。尖塔状の小丘や山、鍾乳洞、シンクホール、地下水路などを特徴とする。

カルデラ 火山噴火の後、マグマだまりの陥没によって形成される大きくへこんだ地形。

間欠泉 周期的に熱水と水蒸気とを地表から噴出する温泉。

環礁 サンゴから成る環状の島や礁。環礁の外側は深海に囲まれ、内側には浅い礁湖を成す。

完新世 地質時代の区分で1万年前から現在まで。

岩石 自然に形成された鉱物の集合体で地殻を構成する固体物質。

岩屑斜面 崖錐を参照。

貫入 溶融した火成岩が他の岩石の中に入り込むこと。

カンブリア紀 5億4200万年前から4億8800万年前まで。地質時代区分で古生代の最初の紀。

岩脈 岩石中に貫入した細長い火成岩の岩塊が、まわりの岩石の侵食によって露出したもの。

紀 地質時代の区分単位で代の下位区分。

基盤 もっとも古い堆積岩層の下にある変成火成岩。

基盤岩 土壌または堆積層の下にあるかたい岩石。場所によっては地表に露出していることがある。

キャップロック 下部の軟岩層を侵食から保護する硬岩層。

丘陵 標高300mを下回る、なだらかな地形の高まり。

凝灰岩 火山灰が固結してできた岩石。

暁新世 地質時代の区分で6500万年前から5400万年前まで。

苦鉄質岩 鉄とマグネシウムなどから成る黒色の鉱物。

クレーター/火口 大きな隕石の衝突、あるいは火山の噴火によって生じる盆状にへこんだ地形。

群島 群を成す島の集まり。

傾斜 地層が水平面と成す角度。

ケトル湖 氷河が融けた後のくぼ地に水がたまってできた湖。

懸谷 本流の谷壁の高い位置にできる支流の谷。氷河作用の結果生じる場合が多い。

顕生代 地質時代の区分で5億4400万年前から現在まで。

原生代 地質時代の区分で25億年前から5億4400万年前まで。

玄武岩 黒色の火成岩。海洋地殻を構成する主な物質とされている。

向斜 地層の谷型の屈曲。

更新世 地質時代の区分で200万年前から1万年前まで。

洪水玄武岩 火山噴火による溶岩流が広範囲にわたって層を成してできた玄武岩質の平坦な地形。

鉱石 採掘・製錬される金属堆積物や岩石。

高層湿原 植生が繁茂し、酸性度の高い湿地帯で、植物の分解が遅く泥炭が堆積した場所。

構造プレート 地球表層の絶えず移動・拡大・収束する岩板。8つの主要プレートとその他多くのプレートが存在する。

鉱物 一定の化学組成と結晶構造をもつ、天然に産する無生物。

鉱物学 鉱物を研究する科学。

鉱脈 岩石の割れ目を満たす板状の鉱床。

古気候 古代の気候。

黒曜石 黒色のガラス状火山岩。

古植物学 化石植物の形態を扱う古生物学の一分野。

古生代 地質時代の区分で5億4400万年前から2億4500万年前まで。

古生物学 化石および過去の生物(古生物)を研究する科学。

コピー 平野の中で孤立して突出する小丘。

ゴンドワナ大陸 アフリカ、南極大陸、オーストラリア、インド、ニュージーランド、南米を含み、かつて南半球に広がっていたとされる超大陸。1億3000万年前に分裂したとされる。

用語解説 *Glossary*

砕屑岩 粒状になった岩石。

細粒堆積物 水流や風力によって堆積した細粒物質。

砂岩 固結した砂粒から成る堆積岩。

砂丘 海岸付近、川底、砂漠などで乾燥した砂粒が丘状に堆積した地形。

剥離 岩石風化の結果、岩の表面が層状に剥がれ落ちること。

砂漠 通常は雨量がほとんどなく砂で覆われた乾燥地域。

三角州 河口にできた緩傾斜の堆積地。

残丘 侵食後の残存地形として準平原に孤立して残された丘や山。

三畳紀 2億4500万年前から2億600万年前まで。地質時代区分で中生代のもっとも古い紀であり、この後にジュラ紀が続く。

GPS 全地球測位システムを参照。

地崩れ 土壌や岩石が下方に滑落する小規模な地すべり。

地震 火山活動や断層の形成などによって引き起こされる急激な地殻の変動。

始新世 地質時代区分で5400万年前から3700万年前まで。

地すべり 岩石と土壌が山や丘の斜面を早い動きで下方移動すること。

沈み込み ひとつのプレートが他のプレートの下に潜り込む過程。

始生代 地質時代の区分で38億年から25億年前まで。地質時代初期の時代であり、変成岩の広く分布した先カンブリア時代の中期を指す。

磁北極 磁場の伏角が90度になる地点。

褶曲 地面に水平方向の圧力が加わることで地層に生じたひずみと屈曲。

集水域 1つの河川あるいは湖によって排水される区域のこと。

ジュラ紀 地質時代の区分で2億600万年前から1億4500万年前まで。中生代3紀の中で2番目の紀。

準平原 長い間の侵食によってつくられた広くほぼ平坦な地形。

礁 浅い海水域でサンゴなどの有機物が集積してできた水中の堤あるいは島状地形。

晶洞石 岩石中の空洞で、内部は結晶で埋められていることが多い。

鍾乳石 鍾乳洞の天井からつらら状に下がった堆積物。

蒸発岩 塩分を含む水が蒸発する際の沈殿物でつくられた堆積岩。

消耗 融解・蒸発によって氷河の雪と氷が減少すること。

シル（貫入岩石） 液体マグマが地層面に貫入することによって生じた水平な火成岩体。

シルル紀 地質時代の区分で4億4000万年前から4億1000万年前まで。

震央 震源地の真上の地点。

シンクホール 石灰岩地域の溶食作用により、地下で崩壊が起きた結果生じたすり鉢状のくぼみ。ドリーネとも呼ばれる。

震源 地震波が発生した地点。

侵食 土壌や岩石が、風、水、氷の流れ、さらにそれらに運搬される岩屑によって砕かれ、削り取られる作用。

深成岩 地下深部に貫入した液体マグマが地表に露出する前にゆっくりと冷却してできた火成岩。

新生代 6550万年前から現在まで。地質時代区分でもっとも新しい代。中生代末から新生代にかけては白亜紀-第三紀絶滅と呼ばれ、最後の非鳥類型恐竜が絶滅した。

震動 地震や爆発に伴う衝撃波によって生じる現象。

水圏 海、湖、河川および地下水を含む地球上のすべての水の占める部分。

世 地質時代の下位区分。

成層 積み重なって層状を成すこと。

石英 二酸化ケイ素から成る水晶。めのうや紫水晶なども石英の一種。

石筍 鍾乳洞の床から突出している堆積物。

石炭 燃料として使用される変成炭化物質。

石炭紀 3億5900万年前から2億9900万年前まで。地質時代区分で古生代の5番目の紀。石炭および石油を含む地層が植物から形成された。

赤鉄鉱 酸化鉄の鉱物。

石油 動植物の遺骸が分解してできた有機炭化水素の混合物。地下岩盤で生成される。

石灰岩 炭酸カルシウムを主成分とする堆積岩。

石灰岩舗石 石灰岩の露出した部分が侵食されて亀裂が入り、ブロック状に並んだ地形。

石灰質 白亜質。石灰性。

石化作用 堆積物をかたい岩石に変化させる作用。

節理 岩石に生じた割れ目。断層とは異なり、変位を伴わない。

先カンブリア時代 地質時代の区分で46億年前から5億4400万年前まで。

線構造 岩石中に存在する各種の線状構造。

鮮新世 地質時代の区分で500万年前から180万年前まで。

漸新世 地質時代の区分で3400万年前から2300万年前まで。

全地球測位システム 地上の受信機に信号を送ることで、ユーザーによる正確な位置、速度、方位情報の認識を可能にする衛星ネットワークシステム。

走向 地層面と水平面とが交わる線の方向。

造山運動 地殻の圧縮や山型の褶曲によって山の形成をもたらす作用。

層理 もっとも古い岩石を最下層に、順々に上へと重なる堆積岩層。

測深学 海深の測定と海洋底の研究。

代 地質時代の区分で、ひとつまたは複数の紀から成る。

第三紀 地質時代の区分で6550万年前から180万年前まで。

帯水層 透水性または多孔性で水がしみ通ることのできる岩石や堆積層。

堆積 堆積岩を形成する作用。

堆積岩 細粒の堆積物が蓄積・固結してできた岩石。

台地 通常は上に水平な地面ののった、周囲より高く頂部の平坦な地形。

第四紀 地質時代の区分で180万年前から現在まで。

大陸地殻 大陸の下に位置する岩石の層。厚さは時に64kmにまで達する。

蛇行 河川が大きく湾曲を描いて流れること。

炭化水素 水素と炭素から成る有機化合物。

炭酸塩岩 主に炭酸塩鉱物と酸素から成る岩石。石灰岩がもっとも一般的とされる。

単斜 高さの異なる2つの水平な地層をつなぐS字形の褶曲。

炭素 すべての生命体の中に存在する非金属要素。

断層 地層や岩石が断ち切れてずれが生じたもの。

断層面 地層や岩石に生じた断層あるいは裂け目に沿って変位を生じた面。

地殻 地球表面を覆うかたい層。海洋地域の下部では厚さおよそ5km、山岳地域の下部ではおよそ64kmに達する。

地下水 地中の割れ目やすき間を通って流れる水。

用語解説 *Glossary*

地下水面 自由地下水の表面。

地形学 地表の形態を研究する科学。

地溝 断層によって2つの岩塊間に生じた溝。

地溝帯 平行に走る2つの断層間で中央部が落ち込むことによって生じた谷状の地形。

地質学 地殻の歴史などを研究する地球科学の分野。

地質年代学 岩石および地質作用の時代を研究する科学の分野。

地層 堆積岩が層を成して積み重なったもの。

地熱作用 火山活動による熱水がもたらすあらゆる作用。

チャート シリカ（無水ケイ酸）に富んだ堆積岩。

中新世 地質時代の区分で2300万年前から500万年前まで。

中生代 地質時代の区分で2億5100万年前から6550万年前まで。三畳紀、ジュラ紀、白亜紀に分けられる。

沖積層 流水によって堆積した砂、シルト、粘土、礫などの沈積層。

潮汐 月と太陽の引力によって起こる周期的な海面の昇降。

沈降 地殻が地表面に対して相対的に下へと沈んでいくこと。

泥炭 ある程度分解した植物遺体の堆積物。

堤防 川岸にある地形の高まり。自然にあるいは人工的につくられ、隣接する氾濫原よりも高い位置にある。

ティル 氷河作用によって堆積した岩屑。

鉄 地球の核を構成しているとされる、かたい金属物質。

デボン紀 地質時代の区分で、4億1000万年前から3億6000万年前まで。

トア（岩塔） 地表面に立っている露出した基盤岩の塔。

土壌 風化・分解された鉱物と有機物から成る地殻表層の栄養豊富な物質。

土壌クリープ 重力のはたらきによって土壌がゆっくりと下方移動する動き。

ドラムリン 氷河の後退による残存地形で、岩屑が洋ナシ型に堆積した丘陵。

ドリーネ 石灰岩地域に見られる、地面にできたすり鉢状のくぼみ。主に溶食作用による地下の岩石崩壊を原因とする。

ドロマイト 石灰岩から変化したカルシウムとマグネシウムの複炭酸塩鉱物。

トンボロ（陸繋砂州） 島どうし、あるいは本土と島とを陸続きにつなぐ細長い砂州。

ナップ 水平な断層や褶曲によって広範囲に押し出された岩体。

粘土 水分を含むと粘着性を示す細粒の堆積物。

粘板岩 頁岩が変成作用によってかたく緻密になり、薄板状を成した岩石。

背斜 地層の山型の屈曲。

白亜 白色のやわらかい石灰岩。

白亜紀 1億4500万年前から6550万年前まで。地質時代区分でジュラ紀の後にくる中生代のもっとも新しい紀。白亜紀末には恐竜や大型の海生爬虫類など多くの種が大量絶滅した。

バソリス 地中で貫入した火成岩体が大規模に侵食され露出したもの。

パホイホイ溶岩 なめらかで流動性の高い玄武岩質溶岩。縄状の表面を特徴とする。

バルハン 砂量が限られた場所で形成される三日月形の砂丘。

パンゲア およそ2億年前に現在の大陸に分割したとされるかつての超大陸。

氾濫原 川谷にできた平坦な堆積地形。洪水時に河川が堆積物を散布することによって生じる。

はんれい岩 粗粒で黒っぽい火成岩。輝石、正長石、斜長石から成る。

ビュート 平らな頂面をもつ急峻な孤立丘。

氷河 重力の作用で斜面を下方にゆっくりと流れ落ちる雪氷の集積した流動体。

氷河作用 氷塊が岩盤上を移動する際に与える影響。

氷河融解後の地殻上昇 大陸の氷河が後退した後に反動として地殻が隆起すること。

標高 ある地点の高さ。通常は海水面からの高さを測定した数値。

漂礫土 氷河によって運搬された岩屑。

V字谷 渓流または河川によって側壁を左右対称なV字形に侵食された谷。

フィヤルド 低地での氷食地形に海水が浸入してできた入江。フィヨルドに特有な幅の狭い入江とは異なる。

フィヨルド かつての氷食谷に海水が浸入してできた狭くて深い入江。

風化 熱、圧力、化学物質、雨、風、凍結、氷などの作用で岩石が砕けること。

風食礫 砂漠地形などにおいて風に運ばれた砂や岩屑の作用で磨かれた岩や石。

風成 風の作用、とくに風による侵食・運搬・堆積作用の結果生じた地形。

腐植 動植物と微生物の腐敗によってできた土壌中の黒色の有機物。

不整合 不連続的な侵食・堆積作用の結果、重なる地層間に時間的な隔たりが生じて不調和となったもの。

プレート 構造プレートを参照。

プレートテクトニクス 地殻はマントルの上を移動する複数のプレートから構成されるとする理論。

噴気孔 火山ガスや蒸気、あるいはその両方を火山から噴出する穴。

分水界 2つの集水域の境界となる尾根筋。

ペルム紀 地質時代の区分で2億8600万年前から2億4500万年前まで。

片岩 薄く層状を成している変成岩の一種。

変形 地殻変動によって岩石の形状に生じるあらゆる変化の総称。

変成岩 火成岩や堆積岩が熱や圧力、化学変化による変成作用を受けて生じた岩石。

変成作用 熱、圧力、化学的環境の影響を受けて岩石の性質が変化すること。

片麻岩 縞状構造をもつ粗粒の変成岩。

ボーキサイト 水酸化アルミニウムを主成分とするアルミニウムの原鉱。

捕獲岩 火成活動によって運搬された異地性の岩石。

マール 地下水と液体マグマとの接触による爆発で生じた、平底で時に水をたたえた大きな火口。

マール、泥灰質 炭酸カルシウムから成る石灰質の泥灰土(岩)。

迷子石 もとの場所から氷河によって運搬された、まわりの岩石とは異質な岩。

マグマ 高温で液体状に溶融した岩石。マグマからできた岩石を火成岩という。

枕状溶岩 水中で噴出して枕状に固まった溶岩。

マスムーブメント 重力によって地表の物質が下方へと移動する現象。

マントル 地殻と外核の間で深さおよそ2300kmにおよぶ厚い部分。

三日月湖 蛇行河川の一部が切断されることで生じた三日月形の池や湖。

用語解説 *Glossary*

ミルストングリット 堆積した小石と砂粒が圧密を受けた結果、固結してできた粗粒の砂岩。

無煙炭 かたく純度の高い石炭で炭素含有率が91％を上回るもの。

メサ 乾燥地域によく見られる、頂部が平坦でまわりが急峻な崖となっている丘や山。

網状河川 河道が複数の網状に枝分かれした河川または細流。

模樹石 シダや樹木のような樹枝状の紋様をもつ鉱物。

モレーン 氷河の流動によって運搬され、氷河の前面または側面に堆積した石や礫の塊。

躍動 弱流によって砂や岩の細粒が近くに運ばれ堆積する際に水中や地表で飛び跳ねる動き。

山 急峻な斜面をもつ、丘よりも高い地形。標高300m以上のものを指す。

U字谷 多くは氷河によって侵食された、急峻な谷壁と広い谷床をもつU字形の谷。

溶岩 高温で液体状に溶融した岩石（マグマ）が火山から噴出したもの。

溶岩円頂丘 火山体の一形態で、ガス状物質のきわめて少ない溶岩から形成されたもの。

溶岩原 たいていはなめらかで流動性の高い玄武岩質溶岩から成る、広く平坦な地形。

葉状構造 鉱物にできる葉のような縞状構造。

溶食ドリーネ 石灰岩地域に見られる、地面にできたすり鉢状のくぼみ。溶食作用で岩が溶けることによって生じた地形。

ラコリス 大きなレンズ上の岩体になった火成岩。

リアス式海岸 湾曲した川谷が部分的に沈水して入り組んだ海岸線を成す地形。

リソスフェア 地球のもっとも外側を占めるかたい部分で、地殻、プレート、大陸およびマントル最上部を含む。

リヒタースケール 放出されたエネルギーをもとにして地震の規模を表す単位。

隆起 地殻変動によって陸地がゆっくりと上昇すること。

流出液体 地表面を流れる水。

流紋岩 火成岩の一種で、花崗岩と類似した細粒斑状の岩石。

累代、イーオン 地質時代の区分で最大の単位であり、2つ以上の代を含む。10億年という時間単位を意味することもある。

礫 主に粒径2mm以上の岩石の破片から成る目の粗い堆積物。

礫岩 粒子の粗い堆積岩。

レゴリス かたい基盤岩の表面を覆う土壌と岩屑などの固結していない堆積層。

裂か（割れ目） 地層や岩石にできた割れ目。

ローラシア大陸 かつてパンゲアの一部を成していたとされる北半球の超大陸。およそ6600万年前に分裂して北米、ヨーロッパ、北アジアが生じたとされている。

露頭 露出した基盤岩。

ワジ 砂漠地域におけるまばらな水流によって侵食された谷を意味するアラビア語。

参考資料 *Resources*

参考文献・資料

Brunsden, D. and Doornkamp, J. (ed.) (1978), *The Unquiet Landscape – World Landforms*, Newton Abbot: David & Charles

Brunsden, D., Gardner, R., Goudie, A. and Jones, D. (1988), *Landshapes*, Newton Abbot: David & Charles

Buckle, C. (1978), *Landforms in Africa – An Introduction to Geomorphology*, London: Longman

Cvancara, A.M. (1995), *A Field Manual for the Amateur Geologist*, San Francisco: Jossey-Bass/Wiley

Fortey, R. (2004), *The Earth – An Intimate History*, London: HarperCollins

Fortey, R. (2010), *The Hidden Landscape: A Journey into the Geological Past*, London: Bodley Head

Gillen, C. (2003), *Geology and Landscapes of Scotland*, Harpenden: Terra

Goudie, A. (1993), *The Landforms of England and Wales*, Oxford: Blackwell

Goudie, A. and Gardner, R. (1985), *Discovering Landscape in England and Wales*, Hemel Hempstead: George Allen and Unwin

Gregory, Professor K.J. (2010), *The Earth's Land Surface: Landforms and Processes in Geomorphology*, Newbury Park CA: Sage

Hawkins, P. (2008), *Map and Compass – The Art of Navigation*, Milnthorpe: Cicerone

Kearey, P. (2005), *The Penguin Dictionary of Geology*, London: Penguin

Luhr, J.F. (ed.) (2008), *Illustrated Encyclopedia of the Earth*, London: Dorling Kindersley

Lyell, C. and Secord, J. (2005), *Principles of Geology*, London: Penguin

McKirdy, A., Gordon, J. and Crofts, R. (2009), *Land of Mountain and Flood – The Geology and Landforms of Scotland*, Edinburgh: Birlinn

Marshak, S. (2007), *Earth: Portrait of a Planet*, London: WW Norton

Mitchell, C. and Mitchell, P. (2007), *Landform and Terrain, The Physical Geography of Landscape*, Eachwick: Brailsford

Renton, J.J. (1994), *Physical Geology*, St Paul MN: West Publishing Company

Thomas, M.F. (1994), *Geomorphology in the Tropics – A Study of Weathering and Denudation in Low Latitudes*, Chichester: Wiley

Toghill, P. (2000), *The Geology of Britain – An Introduction*, Marlborough: Airlife Press

Turnbull, R. (2009), *Granite and Grit: A Walker's Guide to the Geology of British Mountains*, London: Frances Lincoln

Waugh, D. (2009), *Geography – An Integrated Approach* (3rd ed.), Cheltenham: Nelson Thornes

参考URL

英国地質調査研究所のホームページでは、英国の地質に関する情報の掲載、地質図の無料閲覧、非営利目的での画像無料閲覧（GeoScenic）など、OpenGeoscienceと呼ばれるオンラインサービスを提供している。
http://www.bgs.ac.uk

米国地質調査所のホームページでは、米国の広域な地形図・地質図・空中写真が閲覧できる他、さまざまな地質情報を提供している。
http://www.usgs.gov

米国および諸外国の地質・地形に関するニュースと情報：
http://www.geology.com

諸外国の地質調査機関ホームページ：

アイスランド：http://www.os.is

アイルランド：http://www.gsi.ie

イタリア：http://www.isprambiente.it

オーストラリア：http://www.ga.gov.au

カナダ：http://gsc.nrcan.gc.ca/index_e.php

スイス：http://www.bafu.admin.ch

スペイン：http://www.igme.es/internet/default.asp

ドイツ：http://www.bgr.bund.de

ニュージーランド：http://www.gns.cri.nz/index.html

ノルウェー：http://www.ngu.no

フランス：http://www.brgm.fr

索引 Index

あ
アア溶岩 69
アイスランドの地形 20-1, 204-5, 208-9
アイラフォースの滝 52
アセノスフェア 19
アパラチア山脈 47, 83
アマゾン盆地 196
アラン島ゴートフェル 55
アリストテレス 228
アルフレッド・ウェゲナー 20
アルプス山脈 26-7
アレート 106, 107
安山岩質溶岩 69
アンモナイト 10, 37
アーチ 172-3, 192-3
イエローストーン 208
イグサ 155
石積み護岸 223
イソマツ 155
入江 168-9
岩棚 195
岩の段差 93, 94, 95
隕石の影響 17
ウィンシル 72-3, 92
ウィールド地方 131
ウェイポイント 243
渦 99
渦を巻く水流 89
打ち上げ波 175
内海 159
埋立地 218-9

ウルル(エアーズロック) 15
運河 224
エアーズロック 15
英国地質調査研究所 234
エイヴォン湖 126-7
エスカー 117
エスチュアリー 152-3
エトナ山 62, 63
エトルタ 172
沿岸漂砂 175, 177, 179
塩原 156-7
塩水湿地 154-5, 176, 177
円筒図法 229
甌穴、洞穴 98-9, 188-9
丘、小丘、丘陵 120-1, 130-1, 134-5, 206, 207
オランダ 217, 219
温泉 209
オールド川 152-3
オールドハリーロックス 170

か
海岸侵食 160, 162-7
海岸の景観 160-83
海食崖 162-3, 166-7
回転型地すべり 79
海面変化による影響 92, 182-3
海洋プレート 19, 20

海嶺、山稜、尾根 19, 58-9, 72-3
過下刻 111, 126
囲い込み条令 216
火口 23, 64-5
花崗岩 19, 55, 67
下刻(下方侵食)作用 87, 92, 145
ガイランゲルフィヨルド 110
崖、断崖 50, 58-9, 72-3
化学的風化 29, 70, 160, 185, 199
火砕流(熱雲)、噴煙 23, 65
火山 15, 22-3, 62-7, 181, 215
火山活動 22-3
火山湖 178
過褶曲 26
カスピ海 159
火成岩 24-5, 70
化石 10, 36-7
化石燃料の生成 37
河川 34-5, 80-1, 136-7
エスチュアリー 152-3
河岸段丘 144-5
渓流、細流 84-5, 91, 101, 133
三角州 35, 146-7
水系型 82-3
蛇行 88-9
中洲 90-1
氾濫原 142-3
三日月湖 140-1

湧水 138-9
河川による侵食 14, 80-1, 134-5
風による細粒堆積物の移動 35, 201
風による侵食(風食) 15, 30, 31, 161, 200-1
潟、礁湖 178, 179, 181
滑落崖 78-9
カナダの凍土帯 206
下部侵食 93
下方侵食の復活 92, 145
カルスト地形 184-95
カルデラ 63, 64, 65
かれ谷 132-3
カレドニア造山帯 45
間欠泉 23, 208-9
観光施設の開発 220, 222, 225
環礁 180, 181
乾食 200
環状列石 213
ガラホナイ山 60
ガルシュン谷 102
ガルフ海岸の堡礁島 179
がれ場、崖錐 74-5, 206, 207
岩海 74
岩石の循環 24-31
岩屑斜面 74-5
岩屑の堆積した扇状地 100-1
岩層
岩頸 66-7

巨岩と巨礫 118-9
孤立した岩塊 56-7
削磨された岩 114-5
地図上の岩層 234
トア(岩塔) 70-1
平頂な岩山 60-1
岩頭 72-3
岩盤地すべり 78-9
カール(圏谷) 104-5, 107
気温差による影響 29, 75, 182, 198, 199, 204-5
気候変動の影響 11, 145, 182
北を見つける 240-1
起伏図
地形図を参照
キャッスルクラグ 115
急流 94-5
峡谷 96-7, 184-95
ラビーンも参照
巨礫 118-9, 222
空隙 194, 195
クラグ・アンド・テール 114, 115
クリーゴコニッヒ 150
クロスフェル 50
グラスリン湖 104
グラモーガンの波食棚 166-7
グランドキャニオン 14

グランドティートン 50, 51
グリムズグレイヴ 221
グレンフィン 83
グレートオーム鉱山 221
グレートグレン 15
グレートバリアリーフ 180-1
グレートリフトヴァレー 48
景観美化 224-5
景観への産業・工業による影響 215, 220-1
景観への人為的な影響 40, 210-25
傾斜(地図) 237
渓流・細流 84-5, 91, 101, 133
ケトル湖 124
懸谷 92, 103, 112-3, 182-3
玄武岩 19, 24
格子型水系 83
向斜 26
洪水による影響
　河川 85, 87, 90
　峡谷 97
　都市 215
　ワジ 202, 203
高層湿原、湿原 125, 150-1, 210-25
構造プレート、地殻変動
　海への影響 22-3, 45
　火山の形成 22-3, 45
　河川への影響 145, 152

サウスダウンズの形成 131
大陸の移動 196
滝の形成 92
地熱活動 208-9
プレート運動 19-21, 26-7
プレート境界 20-1
湖の形成 159
山の形成 26-7, 45-51, 49
耕地区画 216, 217
高地熱地域の火山活動 208-9
高地熱地域の景観 208-9
高地の景観 41, 42-127
高地のV字谷 84, 86-7
高潮帯 155
鉱物・ミネラル 24, 29, 32, 157
氷による侵食(氷食) 15, 29, 31, 53, 55, 113
氷の小丘 206-7
谷頭侵食 84
コケ類 148, 150, 151
湖水地方 54, 82-3, 84
古代住居・集落 212-3, 215
古代の住居 212-3
古代バビロニアの地図 229
黒海 159
コックピット 187
琥珀 36

コピー 134-5
コリー 104-5
コロラド川 96-7
広西壮族自治区陽朔 186-7
コンゴ盆地 196
コンパスの活用 240-1
護岸 222-3
五大湖 158

さ
採掘 220-221
採掘後の廃棄物 120, 221
サウスダウンズ 130, 131
砂海 35
砂岩の形成 37, 72, 73
砂丘 35, 174-5, 177, 200-1
削剝 163, 164, 169, 200
削磨された岩 114-5
砂嘴 176-7
砂州 153, 178-9
SatNav (衛星航法システム) 242
砂漠 200-1, 202-3
　氷河 116-27
砂漠の景観 198-203
三角州 35, 137, 146-7
山脚 87
サンゴ 180, 197
サンゴ礁 180-1
山上のくぼ地 104-5
サン＝セーヌ＝ラベイ 138

潮だまり、塩田 155, 219
塩による風化 163, 198
自然災害 215
湿地 148-9, 197
島状の地形 90-1, 179, 180, 181
島山 (インゼルベルグ) 197
霜 199, 200
写真地図 231
褶曲
　岩の褶曲 26, 46-7, 59, 237
　氷の褶曲 123
収束するプレート境界 20
周氷河地域の景観 204-7
シュロップシャー 216
衝撃波による侵食 162
沼湿地
　塩水湿地 154-5, 222
　湿地の排水 217, 219
　淡水湿地 141, 148-9
沼沢地 197
衝突するプレート境界 21
鍾乳石と石筍 189
植生 33, 75, 77, 148-9, 176, 177, 198, 203
植物、植生 29, 33, 147, 148-9, 151, 154-5, 194
ショッピングモール 220

シル(貫入岩床) 72-3
シルベリーヒル 212-3
シンクホール 187, 190-1
侵食 30-31, 52-3, 67, 71, 75, 80, 150, 160
　参照：化学的風化、河川による侵食、波による侵食、氷河による侵食、水による侵食
森林 217
森林地帯 149
ジェリフラクション 77, 207
地震 21, 208-9, 215
地すべり 31, 78-9, 159, 163, 206
ジャイアンツコーズウェイ 68-9
蛇かご 223
住居 41, 213, 214-5, 218
樹枝状型水系 82
準平原 135, 197
人工的な景観 210-25
GPSの利用 242-3
cwm 104-5
水車 225
水中の岩の堆積 34-35
水力発電 224
スエズ運河 225
スカラブレイ 215
スコットランド高地 54

索引 253

索引 Index

スタウアヘッド 225
スタック(離れ岩) 172-3
スタファ島 68-9
ストライディングエッジ 106
ストロックル 208-9
ストー 24
ストーンヘンジ 213
スノードニア 118-9
スピッツベルゲン 100
すれ違うプレート境界 21
斉一説 10
政治地図 230-231
石炭の生成 37
石油の生成 37
石灰岩
　カルスト地形 184-95
　形成 37
　石灰岩舗石 184-5, 194-5
接触面 236, 237
切断された支谷 112, 113
セヴァーン川 136, 142-3
セレンゲティ平原 134-5
扇状地 100-1, 203
セントヘレンズ山 62
尖峰 106-7
舌状堆積体 79
全地球測位システム GPSを参照
セーヌ川 138

ソリフラクション 77, 79
造山運動 45

た
大西洋中央海嶺 19, 20
堆積 34-5
　海岸地形での堆積作用 160-1, 174-6
堆積岩 24-5, 26, 36-7, 73
堆積層
　エスチュアリーと泥質干潟 152-3
　砂丘 35, 201
　三角州 146-7
　扇状地 100-1, 203
堆積作用 34-5
　浜(砂浜海岸) 174-5
氾濫原 136-7
堆積層中の栄養物質 142, 147, 154
堆積波 175
大陸プレート 19, 20, 21
多角形模様 157, 204-5
滝 92-93, 96, 112, 113, 182-3
滝つぼ 93, 96
たまねぎ岩 198
タルン 103, 104-5
炭酸, 二酸化炭素 29, 184, 189, 195

単斜 26
淡水湿地 148-9
泥炭 37, 150-1
台座岩 31
蛇行 88-9, 137, 140, 141, 144-5
段丘 76-7
段丘崖 142
断層 15, 27, 123, 237
断層地塊山地 48-9
段丘 213
ダートムーア 70,82
地衣類 29
チェジルビーチ 178
地殻 18, 19
地下水面 133, 138-9, 157
地球史・地球の構造 16-21
地球の核 18,19
地球発達史 16-7
地形図 230-1, 232-3
地形の形成 14-5
地溝帯 152, 159
『地質学原理』 10
地質区分 235, 236
地質図 231, 234-7
地図から景観を読む 226-243
チャールズ・ダーウィン 10, 181
チャールズ・ライエル 10
宙水面 139
沖積土 142
張家界国家森林公園 28

潮汐の影響 154-5, 161, 169, 177
貯水池 224, 225
沈降海岸 183
沈水海岸 183
ツァラブ川 144
塚 212
堤, 小丘 116-7, 206-7
ティル 116
低層湿原 149, 150-1
汀段 175
低地の景観 41, 128-59
堤防 143, 219
天然ガスの生成 37
泥火山 23
泥質干潟 152, 154-5
泥流 78-9
泥流による舌状堆積体 79
デジタルマップ 234-5
デビルズタワー 66
トア(岩塔) 31, 70-1
凍結の影響 52, 55, 77
等高線 232-3, 238
凍上 77
凍上現象 204
都市の景観 214-5
都市の発達 215
都市部への水の供給 225
突出 175, 222-3
トンボロ(陸繋砂州) 178-9
洞窟 188-9

洞穴, 鍾乳洞 164-5, 188-9
土壌クリープ 71, 76-7, 207
土壌の組成 32-3
ドニャーナ国立公園 148-9
ドラムリン 120-1
ドリーネ 190-191

な
ナイジェル・コールダー 16
中洲 90-1
ナビゲーション 238-43
波 174-5
波による侵食(波食) 162, 164-7, 169, 171, 173
ナミブ砂漠 200-1
ニューオーリンズ 215
熱帯地域の景観 196-7
農業 34, 142, 212, 216-7
ノースダコタ 124
ノーフォークブローズ 221

は
背斜 26
排水・干拓 217, 219
ハイフォースの滝 92
破壊波 175
波食棚 166-7, 170, 183
発散するプレート境界 20
浜(砂浜海岸) 174-5, 178

ハンスタントン 162-3, 222-3
ハンモック堆石 122-3
氾濫原 34, 41, 142-3, 144, 145
パナマ運河 225
パンゲア 47
パームジュメイラリゾート 218-9
ヒマラヤ山脈 21, 44
ピスタイバッドランズ 198
ピュイ連山 64
東アングリア 217, 219
氷河 102-3
氷河による侵食作用 31, 55, 103-15
氷河による堆積作用 35, 116-27
氷河の土手、モレーン 116-7
氷食地形 102-3
表層すべり 79
平瀬 88, 89
ビュート 56-7, 60-1
ピンゴ 206
フィヨルド 110-1
風食礫 30
複合円錐火山 23, 63
腐植 32, 33
フリント採掘 221
噴気孔 23
噴出孔 63, 65
墳石丘 63, 64
ヴェスヴィオ山 15
ヴェネチア 218
ブライダルヴェール滝 112

ブラックフット川 140
ブレイクニーポイント 176
ブロックすべり 79
ブローホール 165
プトレマイオスの世界地図 229
プラヤ 156, 203
プレート 構造プレート、地殻変動を参照
富士山 22, 63
フーバーダム 224
平行型水系 83
平頂な岩山 60-1
ヘレフォード図 228
ヘロドトス 10
偏角 240, 241
変成岩 24-5, 70
米国地質調査所 234
ペディメント 203
ペンリンスレート採石場 220
方位、方向 241
放射型水系 82
放射性年代測定法 16
堡礁島 179
保全・保護地域 148-9, 222
ホッグバック 59
ホルン（氷食尖峰） 106, 107
香港 218
防潮壁 222-3
防波堤 223
暴浪浜 175
ボンヌヴィル塩原 156
ポルトガルの海食洞 164
ポンダルク 192-3

ポンペイ 215
ポートランド島 178

ま
迷子石 118-9
マウナロア山 63
枕上溶岩 68
マグマ 23, 25, 54-5, 64-7, 72, 208-9
マックウェイ滝 182-3
マッターホルン 15, 106-7
マングローブ 154, 197
マントル 18, 19
マール 64
三日月形砂丘 200-1
三日月湖 140-1
岬 168, 169, 170-1
湖 158-9
 塩湖 157
 ケトル湖 124-5
 シンクホール 190
 人工湖 220, 225
 低層・高層湿原の湖 151
 氷食湖 126-7
 三日月湖 141
水による侵食（水食） 29, 31, 98-9, 160, 188-193, 199, 202-3
 参照：河川による侵食、波による侵食
水際の人工地形 224-225
ミルストングリット 72

ミード湖 224
虫 29, 33
メサ 56-7, 60-1
メッシュ法 238
メテオクレーター 17
メルカトル図法 229
メルム島 154-155
網状河川 90, 91, 101, 137
モニュメントヴァレー 56
藻類 148, 180
モルテラッチ谷 114-5
モレーン 116, 117, 122, 127
モロッコのワジ 202

や
『休みない地球』 16
野生生物による岩の分解 29
野生生物の保全 222
山
 急峻な山腹 50-1
 山上のくぼ地 104-5
 尖峰 106-7
 平頂峰 48-9
 山地の形成 20-1, 26-7, 44-7
 湧水 138-9, 188, 189
 輸送 215, 225
 U字谷 102, 103, 108-9
 溶岩 22, 25, 63, 65, 68-9

要塞 212, 215
溶食 163, 164, 169
羊背岩 114, 115
ヨシ湿原 222
ヨセミテ峡谷 109
ヨークシャー地方の石灰岩舗石 194
ヨーホー国立公園 94

ら
ライムリージス 36
ラインヴァレー 48
ラビーン 202-3
 峡谷も参照
ラルワース・コーブ 168
ランドル山 58-9
乱流 94, 95
離岸流 175
陸標の活用 239, 241
離水海岸 182-3
リソスフェア 18
隆起 21, 45, 51, 54, 73
隆起海岸 182-3
ルー川 188
レナ川 146
ロッシュムトネ 114, 115
露頭 56-7, 73, 114, 115, 134-5, 197
ロンドン 214

わ
ワジ 202-3,
ワストウォーター 74
湾 168-9
湾口砂州 179

**ガイアブックスは地球の自然環境を守ると同時に
心と体内の自然を保つべく"ナチュラルライフ"を提唱していきます。**

Copyright © 2010 Ivy Press Limited

All rights reserved. No part of this publication may be reproduced, stored in a retrieval system, or transmitted in any form or by any means, electronic, mechanical, photocopying, recording, or otherwise, without the prior consent of the publishers.

A CIP catalogue record for this book is available from the British Library

Printed in China

Colour origination by Ivy Press Reprographics

This book was created by
Ivy Press
210 High Street
Lewes, East Sussex BN7 2NS, UK

CREATIVE DIRECTOR Peter Bridgewater
PUBLISHER Jason Hook
ART DIRECTOR Michael Whitehead
EDITORIAL DIRECTOR Caroline Earle
SENIOR EDITOR Lorraine Turner
EDITORIAL ASSISTANT Jamie Pumfrey
PUBLISHING CO-ORDINATOR Anna Stevens
DESIGN JC Lanaway
ILLUSTRATIONS Coral Mula
PICTURE MANAGER Katie Greenwood

自然景観の謎 HOW TO READ THE LANDSCAPE

著者：
ロバート・ヤーハム（Robert Yarham）
作家、編集者。おもに野生生物、自然保護、英国の地形と歴史をテーマにした記事および書籍の執筆を行うとともに、雑誌『Beautiful Britain』の編集者でもある。

翻訳者：
武田 裕子（たけだ ひろこ）
名古屋大学文学部英語学科およびFIT（ニューヨーク州ファッション工科大学）卒業。訳書に『シューズ A-Z』『リメイクファッション』（いずれも産調出版）など。

発　　　　行	2012年7月1日
発 行 者	平野 陽三
発 行 元	**ガイアブックス**

〒169-0074 東京都新宿区北新宿 3-14-8 TEL.03(3366)1411　FAX.03(3366)3503
http://www.gaiajapan.co.jp

発 売 元　産調出版株式会社

Copyright SUNCHOH SHUPPAN INC. JAPAN2012　ISBN978-4-88282-838-9 C0044
落丁本・乱丁本はお取り替えいたします。本書を許可なく複製することは、かたくお断わりします。
Printed in China